U0177342

丹江口

治水精神

汉江水利水电（集团）有限责任公司 编

长江出版社
CHANGJIANG PRESS

　　1958 年，老一代水利建设者从全国各地云聚丹江口，在施工条件极其艰苦、技术设备极其落后的情况下，以敢教日月换新天的壮志豪情和自力更生、艰苦奋斗的创业精神奋战十余年，建成了"五利俱全"的丹江口水利枢纽工程，让汉江归于安澜并发挥巨大的综合效益，留下了宝贵的"自力更生、艰苦创业、顾全大局、勇于开拓"的丹江口人（特指兴建丹江口工程的建设者、管理者）精神。

　　一代又一代汉江集团人牢记初心，砥砺前行。

　　工程建设时期，老一辈水利建设者战天斗地、奋力开拓，肩负根治汉江水患的历史重任，在汉江上建成了"五利俱全"的丹江口水利枢纽初期工程。

　　改革开放初期，我们解放思想，求实进取，闯出了一条"一业为主、多种经营、建管结合、全面发展"的水利企业发展之路。

　　建立现代企业制度后，我们破浪前行、矢志拼搏，建立以授权管理为核心的母子公司管理体制，逐步发展成为跨地区、跨行业、跨所有制的企业集团。

　　南水北调中线工程通水以来，我们践行初心、勇担使命，坚定不移走生态优先、绿色发展之路，开启了新时代高质量发展治水兴企新征程。

在这风雨兼程的六十五年里，我们为国家乃至世界提供源源不断的绿色能源、优质产品和服务，也让我们从一家单一的水利工程建设管理单位成为集水利水电、制造业、服务业协同发展的大型国有企业集团。

汉江集团从无到有、从小到大，六十五载风雨兼程，谱写了一部艰苦奋斗的创业史、无私奉献的报国史、砥砺奋进的改革史、敢为人先的创新史，孕育并传承了"自力更生、艰苦创业、顾全大局、勇于开拓"的丹江口人精神。丹江口人精神是伟大建党精神在社会主义建设时期的具体表现。

编　者

2023 年 10 月

目 录

第四章　顾全大局是丹江口人的大局观

第五章　勇于开拓是丹江口人的进取观

第六章　丹江口人精神的历史意义与时代价值

丹江口

治水精神

第一章

丹江口人精神的形成与内涵

一个水利单位的水利精神是这个水利单位文化体系的精髓，解决的是精神动力和精神风貌的问题。在实现愿景目标的过程中，企业精神反映了全体干部职工在企业生存与发展中，彼此共鸣、相对稳定的内心态度、意志状况、思想境界和理想追求，体现了全体干部职工的状态和品质。企业精神一旦形成群体心理定势，会大大提高干部职工主动承担责任和修正个人行为的自觉性，从而主动关注企业的前途，维护企业声誉，为企业贡献自己的全部力量。因此，企业精神是组织发展、干部职工成长的思想动力和精神支柱。

自 1958 年开工建设至今，随着丹江口水利枢纽工程（简称"丹江口工程"）建设发展而形成并传承的"自力更生、艰苦创业、顾全大局、勇于开拓"的丹江口人精神，激励着一代又一代的丹江口人奋力拼搏，勇往直前。

丹江口人精神共十六个字，从四个不同层面展现了丹江口人对党和国家的一片赤诚，具体表现为丹江口人共同的价值取向和行为准则，成为规范丹江口人思想和行为的无形力量。

丹江口人精神是在中国共产党的坚强领导下，通过几代丹江口人的共同努力，用辛勤的汗水和宝贵的生命锻造出来的，是在丹江口水利枢纽建设和管理过程中迸发出来的"精气神"。丹江口人精神与丹江口地区独特的自然地理环境和社会历史条件具有不可分割的联系，同时这些特定因素无疑为丹江口人精神的形成奠定了坚实的基础。

一、丹江口人精神的形成背景

三千里汉江，从秦岭巴山逶迤而来，向长江东海奔涌而去，在惠泽众生的同时，也曾给两岸人民带来巨大的灾害创伤。

由于汉江水量丰沛、河床狭窄、宣泄不畅，每当洪水来临时，汉江就成为名副其实的野性十足、桀骜不驯、任意肆虐的孽龙。仅 1931—1948

年的 18 年间，汉江发生大的洪水灾害就有 9 次之多，已到了三年两溃、十年九淹的地步。

丹江口原始自然面貌

特别是 1935 年 7 月的一次洪水，汉江干堤溃口 14 处，使光化县以下直至武汉市共 16 个市（县）尽成泽国，淹没耕地 670 万亩（1 亩 =0.067 公顷），受灾人口 370 万，8 万多人葬身鱼腹，汉口城区半年浸泡在洪水之中。

当时民间流传着这样一首歌谣："汉江洪水浪滔天，十年就有九年淹，卖掉儿郎换把米，卖掉妮子好交捐，打死黄牛饿死狗，身背包袱走天边。"这是昔日汉江水患灾难史的真实写照。这首民谣生动描写了人民艰苦的生存条件，贫瘠的大地磨炼了汉江流域人民顽强拼搏的意志，孕育了人民能吃苦、能战斗、能攻坚的奋斗精神。近代著名水利专家李仪祉曾经指出："汉江之为灾，多于长江。治江必先治汉，汉不治则江不治，殆定论也。"足见汉水灾害已到非治不可的地步。根治汉水灾害迫在眉睫。

治国先治水。新中国成立后，中央十分关心水利事业，毛主席提出南水北调的伟大构想，并将调水水源地选在丹江口。同时，为了给三峡工程建设积累经验，丹江口水利枢纽又担负起为三峡"练兵"的使命。

1958 年 3 月，中共中央政治局成都会议正式确定兴建丹江口工程。当年 9 月 1 日，工程正式破土动工。

那是一个激情燃烧的岁月，那是一个没有硝烟的战场。为了响应毛泽东主席"一定要治理好大江大河"的号召，来自湖北、河南、安徽等省的10万建设大军浩浩荡荡云集丹江口，参加这场与天斗、与地斗的"大会战"。

那时的丹江口坝址，处处是荒山，遍地是荆棘，又赶上三年困难时期，10万建设大军住油毡草棚，吃腌菜杂粮，生活条件差、劳动强度高，但没人有怨言，有的只是造福汉江流域人民的豪情壮志。

为了修建水库围堰，10万大军使用铁锹、扁担和箩筐，挖土挑石，不分昼夜，苦战50余天，一条600米宽的围堰"横空出世"。在那个"一穷二白"的年代，用人海战术和原始工具填筑起如此庞大的围堰，是老一辈丹江口人最值得骄傲，也是最令人敬佩的地方。

丹江口水利枢纽工程是建设者们克服难以想象的重重困难，用他们非凡的智慧、辛勤的汗水和钢铁般的意志凝聚成的共和国第一座水利丰碑。丹江口人"能吃苦、能战斗"的作风诞生在这一时期，并影响着一代又一代的丹江口人。

二、丹江口人精神形成的谱系关联

（一）谱系概念阐释

谱系，又称系谱或系谱图，指从先证者入手，追溯调查其所有家族成员（直系亲属和旁系亲属）的数目、亲属关系及某种遗传病（或性状）的表现等资料，并按一定格式将这些资料绘制而成的图谱。系谱中不仅有某种性状或患有某种疾病的个体，也包括家族的正常成员以及成员之间的遗传关系。根据调查资料绘制成系谱图，可以对这个家系进行回顾性分析，以便确定所发现的某一特定性状或疾病在这个家族中是否有遗传因素的作用及其可能的遗传方式，从而为其他具有相同遗传病的家系或患者的诊治提供依据。

谱系学被广泛地运用到社会研究和文化研究之中。可以认为，所谓谱系，就是从同一个源头生成，繁衍扩展，形成的一个庞大系统，犹如一棵树苗，生长壮大，成为枝繁叶茂的参天大树。

（二）精神之源：中国革命精神的延续与升华

在庆祝中国共产党成立 100 周年大会上，习近平总书记深刻指出："一百年前，中国共产党的先驱们创建了中国共产党，形成了坚持真理、坚守理想，践行初心、担当使命，不怕牺牲、英勇斗争，对党忠诚、不负人民的伟大建党精神，这是中国共产党的精神之源。"一百年来，中国共产党人从伟大建党精神这一源头出发，在长期奋斗中形成一系列伟大精神，构建起中国共产党人的精神谱系。这些伟大精神一脉相承、代代相传，跨越时空、历久弥新，是党和人民的宝贵精神财富，深深融入我们党、国家、民族和人民的血脉之中，为我们立党、兴党、强党提供了丰厚滋养。

2021 年 2 月 20 日，习近平总书记在党史学习教育动员大会上的讲话中提出"精神谱系"的概念。习近平总书记指出："在一百年的非凡奋斗历程中，一代又一代中国共产党人顽强拼搏、不懈奋斗，涌现了一大批视死如归的革命烈士、一大批顽强奋斗的英雄人物、一大批忘我奉献的先进模范，形成了井冈山精神、长征精神、遵义会议精神、延安精神、西柏坡精神、红岩精神、抗美援朝精神、'两弹一星'精神、特区精神、抗洪精神、抗震救灾精神、抗疫精神等伟大精神，构筑起了中国共产党人的精神谱系。"

不同历史时期所形成的每种精神各有其独特的内涵和鲜明的特征。从总体上看，一系列伟大精神是一个整体，具有一脉相承、交融互通的特质，构筑形成了中国共产党的精神谱系。中国共产党精神谱系，是在马克思主义、共产主义信仰这个同根同源的基础上生长起来的庞大系统和完整体系，集中体现着中国共产党人的理想信念、根本宗旨、道德品质、工作作风和精神风貌，是党的一系列优良传统和作风的集中概括。中国共产党人的精神谱系是指在中国共产党领导下形成的一切精神，既包括伟大建党精神，也包括随着形势发展不断提出的新的革命精神。中国共产党的一系列伟大精神之所以能够形成庞大的精神谱系，是因为这些精神贯穿百年历史的全过程，内容涵盖社会领域的多方面，承载主体更是丰富多样。

丹江口人精神在这个精神谱系中处于什么位置？丹江口人精神是丹江口人精神世界的反映，是在践行为长江流域人民谋幸福、为水安全和南水北调提供保证的初心使命中表现出的能动的精神状态及精神境界。

首先，从纵向的历史逻辑进程看，丹江口人精神是伟大建党精神在社会主义建设时期的传承和弘扬。"践行初心、担当使命"，这是跨越时空的精神传承，是一脉相承，且具有高度的同一性的。其次，从横向的内在逻辑构成看，丹江口人精神即"自力更生、艰苦创业、顾全大局、勇于开拓"的内核体现了人类在改造世界过程当中必须具有的基本逻辑。回望丹江口水利枢纽建设历程，丹江口从一片荒芜，到建成今天通达北方的供水事业，"奋斗、奉献和创新"是贯穿始终的主题。

丹江口人精神源自"革命理想高于天"的坚定信仰，体现了丹江口人"重整山河、改天换地"的奋斗、奉献和创新精神，承载了为党和人民事业奋斗的初心和使命。从这个意义上来说，丹江口人精神既与伟大建党精神一脉相承，又体现了社会主义建设时期的时代特点和南水北调的水利特点。丹江口人精神是伟大建党精神在社会主义建设时期南水北调供水事业的具体体现。

丹江口大坝

（三）精神之要：地域文化的传承与创新

2018 年 4 月 27 日，国家主席习近平与印度总理莫迪参观湖北省博物馆精品文物展时指出，荆楚文化是悠久的中华文明的重要组成部分，在中华文明发展史上地位举足轻重。

古时"荆楚"一词在自然环境上表示楚木丛生之地。随着楚国的诞生与楚人的出现，荆楚文化在中国长江汉水一带形成并逐渐繁荣起来。据考证，荆楚文化的发祥地主要集中于长江中游广大地区。湖北是荆楚文化的发祥地与发展中心区域，荆楚文化主要指以当今湖北地域为主体的历史文化。概括起来，荆楚文化是指从古至今，在荆楚地区逐渐形成的所有物质文化和精神文化的总和。物质文化通常通过饮食、服饰、建筑、文物、遗址等物质载体表现出来，通过物质文化，人们可以直观地感受到该文化的形态，它也能最直接地体现一个民族的特性；而精神文化时常表现为在长期的历史发展中积淀下来的看待自然与社会的思维方式、价值观念、人们遵守的行为规范以及养成的性格特征。

欲探索楚人艰苦创业的历程，可以追溯到公元前1000多年。在商周更替之际，战火连年，楚人先祖辗转迁徙到了荆楚大地。楚人熊绎被周天子封于楚蛮之地，居丹阳（古时候，河以北为阳，南为阴；山以南为阳，北为阴），即现在的丹江库区。丹水之阳就是丹水之北。这里北连淅川，南近荆山，人们称它为楚之先人开始创业的地方。在西周时，楚国还是个弱小的国家，其国土方圆不过百里，是蕞尔小国。史书记载："昔我先王熊绎，辟在荆山，筚路蓝缕，以处草莽，跋涉山林，以事天子……"蓝缕是麻织物做的已穿旧或破了的衣服。筚路蓝缕就是驾着柴车，穿着破衣服，上山砍柴垦荒，发展生产，扩大疆域，这就是"筚路蓝缕"的精神。通过艰苦创业，从熊绎开始，经过数代人的努力，楚国国力不断增强，疆域不断扩大，由一个方圆不到百里的蕞尔小国发展成为泱泱大国。楚人"筚路蓝缕"的奋发精神，使楚国在强国如林的夹缝中得以生存，由小到大，由弱到强，创造了先秦史上的奇迹。筚路蓝缕是楚国强国之本，是中华民族史上艰苦创业的典范，是荆楚文化的精髓。

荆楚文化蕴含着丰富的思想与精神，其"筚路蓝缕"的创业精神、卓然不屈的自强进取精神、"抚夷属夏"的开放精神、多元价值取向的兼收并蓄精神、"一鸣惊人"的开拓创新精神、刚悍劲直的拼搏精神，是新时代地方思想文化建设的重要资源，在形成丹江口人精神的过程中有着不可估量的价值，为汉江水利水电（集团）有限责任公司（简称"汉江集团"）改革发展提供了历史经验与前进动力。

（四）精神之基：与传统优秀水文化的谱系关联

习近平总书记指出："培育和弘扬社会主义核心价值观必须立足中华优秀传统文化。牢固的核心价值观，都有其固有的根本。抛弃传统、丢掉根本，就等于割断了自己的精神命脉。"水利行业精神是一个有着丰富历史内涵的、与时俱进的概念，是历史性和时代性的有机统一，既源于历史悠远的水利传统优秀文化，又放射出现代水利建设者的精神面貌和行业新风。中华优秀传统水文化作为中国五千年文明历史中的文化瑰宝，积淀着中华民族治水最深层的精神追求和行为准则，在当今中国水利发展中依然展现着无与伦比的精神魅力和旺盛的生命力。丹江口人精神之"内核"继承了中华优秀传统水文化的基因。只有立足于中华优秀传统文化，不断汲取其精神滋养，才能在践行社会主义核心价值观中，得到职工的广泛认同，产生强大的凝聚力和向心力。

1. 大禹治水的传说与大禹精神

在中国原始社会晚期治理洪水的斗争中，大禹以身作则，身体力行，初步形成了中国传统水事道德观的雏形，或者说水利行业精神的雏形。在先秦诸子的书中记载了这一历史，例如："身执耒臿以为民先"的吃苦耐劳、坚韧不拔、埋头苦干的献身精神；"左准绳、右规矩""因水以为师"地面向现实、脚踏实地、负责求实的精神；"非予能成，亦大费（即伯益）为辅"地发挥各部落集体力量、同心协力的团结治水精神等，这些内容被后人统称为大禹精神。大禹精神成为古往今来中国水利人奋发向上、百折不挠的精神支柱，成为中国水利行业优秀文化传统的基本价值取向，其所包含的合理性的价值取向，闪耀着"献身、负责、求实"的人文精神和现实效应。

2. 李冰父子修建都江堰工程的故事与李冰精神

李冰是我国历史上有名的水利工程专家，他是都江堰的设计者和兴建者。李冰精神，就是以李冰为代表的都江堰历代建设者与管理者在都江堰2000多年的治水实践中形成的"尊重自然、崇尚科学、开拓创业、勤政务实、为民造福、忠于职守"的治水理念和优秀的意志品质。尤其是在修建都江堰的时候，李冰考虑的因素都基于一个出发点，那就是尊重自然。利用合理的自然之势，在工程选定地址和相应设施上下功夫钻研，最后达到改造自然、造福人类的目的。习近平总书记在2018年全国生态环境保护大会上指出"始建于战国时期的都江堰,距今已有 2000 多年历史,就是根据岷江的洪涝规律和成都平原悬江的地势特点,因势利导建设的大型生态水利工程,不仅造福当时,而且泽被后世"。习近平总书记的重要讲话,高度凝练了都江堰的特点、效益和价值,明确提出了"都江堰是生态水利工程"的重要论断。

中华优秀传统水文化是丹江口人精神形成的文化底蕴,是丹江口人精神丰富发展的文化基因。中华优秀传统水文化所提倡的使命意识、忠诚意识、担当精神、牺牲精神、奉献精神和民本思想,为丹江口人精神所继承和弘扬。作为历史的概念,水利精神是在特定的职业实践基础上形成的。水利是一种古老的职业,在千百年漫长岁月的实践中,由于从事水利这种特定职业的人们,有着共同的劳动方式,经受着共同的职业训练,因而具有共同的职业兴趣、爱好、习惯和心理传统,从而产生了水利行业特殊的行为方式和道德意识。丹江口人精神的产生,以及传承实践都有其固有的文化土壤,这个土壤就是中华优秀传统水文化。大禹忧民之忧、公而忘私的奉献精神,知难而进、一往无前的拼搏精神,艰苦奋斗、科学创新的实干精神,李冰勤于职守的精神、做事的科学精神、实干家精神、开拓进取创大业的气概,是中华民族的优良传统和宝贵财富,也是丹江口人的宝贵精神财富。

三、丹江口人精神形成的实践基础

(一)中国共产党的坚强领导

建设丹江口水利枢纽工程和南水北调工程既是党中央的重要战略决策,也是全面建设社会主义现代化国家的宏伟蓝图。丹江口水利枢纽工程和南水北调工程的建设史,是中国共产党带领人民群众进行生产建设的历史。在党的正确领导下,不仅实现了汉江的历史巨变,更形成了弥足珍贵的丹江口人精神。

建成后的丹江口大坝

　　新中国成立之初，毛泽东主席、周恩来总理等党和国家领导人就把治理洪涝灾害作为兴国安邦的头等大事，把根治汉江洪水灾害列入党和国家的议事日程，并要求水利部长江水利委员会（简称"长江委"）迅速拿出治理汉江水患的规划。1952年2月，长江委主任林一山遵照毛泽东主席、周恩来总理的指示，组织了一批专家、技术人员对汉江进行地质勘查，选择建坝地址。时任水利部部长的傅作义亲自带队对汉江建坝选址进行勘查，选定丹江口水利枢纽作为汉江流域规划的主体工程，经论证，它是汉江流域规划最理想的第一期工程。

　　1953年2月，毛泽东主席在"长江舰"上提出南水北调的宏伟构想，拉开丹江口水利枢纽工程建设的序幕；1958年3月，在中共中央政治局成都会议上，提出了《中共中央关于三峡水利枢纽和长江流域规划的意见》，其中指出"由于条件比较成熟，汉江丹江口工程应当争取在1959年做施工准备或正式开工"。就这样，引汉济黄、南水北调的水源工程正式提上议事日程。同年9月，丹江口工程正式开工。10万建设大军汇聚于当时还是不毛之地的丹江口，开启了征服汉江的壮举。

受当时的经济技术条件所限，工程曾一度面临停工"下马"，但我们党和党的领导人始终没有放弃，最终决定分期建设丹江口水利枢纽工程，远景考虑南水北调任务。1974年，枢纽初期工程建成，汉江在旧社会"三年两溃、十年九灾"的历史一去不复返。

陶岔渠首

进入20世纪90年代后，在党中央的决策部署下，南水北调中线工程再度呼之欲出。2005年9月，南水北调中线水源工程——丹江口大坝加高工程开工。2014年12月12日，南水北调中线一期工程正式通水，丹江口水库之水一路北上，滋润北国，世纪梦圆。

2021年5月14日，习近平总书记在推进南水北调后续工程高质量发展座谈会上指出："南水北调工程事关战略全局、事关长远发展、事关人民福祉。要从守护生命线的政治高度，切实维护南水北调工程安全、供水安全、水质安全。"这是党的新一代领导人对南水北调工程建设发展指明的方向，也是对这项工程所有参与者的期许。

（二）丹江口人的实践

丹江口人第一次创业实践，建成了"五利俱全"的丹江口水利枢纽初期工程。

发电前的丹江口大坝雄姿（1968 年 9 月 14 日）

1958—1974年，来自鄂豫皖地区的10万水利大军，肩负"根治汉江水患、向北方供水、为三峡'练兵'"的伟大历史使命，克服重重困难，历经千辛万苦，建成丹江口水利枢纽初期工程。工程的兴建使治理汉江水患的期盼得以实现，为库区经济提供了强大的电力供给，在推动鄂豫两省经济社会繁荣发展的同时，也奠定了汉江集团赖以生存与发展的基础。

丹江口人第二次创业实践，闯出了一条"建管结合、全面发展"的水利企业发展之路。20世纪70年代，为解决丹江口工程完工后职工就业问题，水利部丹江口水利枢纽管理局（简称"丹管局"，又称水利电力部第十工程局，现汉江集团）利用富余的电力资源相继建成铝厂、铁合金厂、电石厂、碳化硅厂、轧钢厂等一批多种经营企业，在巩固水电主体的同时，以铝业为龙头的多种经营发展壮大了经济实力，走出了"一业为主、多种经营、建管结合、全面发展"的水利企业发展之路。到"八五"末，依托坝水电为基础，工业企业规模不断壮大，其经济效益与电力企业平分秋色，电力与工业共生依存的产业结构初步形成。"建管结合、全面发展"经营模式的探索发展为我们进入社会主义市场经济体制、充分适应市场竞争环境压力、构建现代企业制度奠定了良好的基础。

丹江口人第三次创业实践，建立了现代企业制度，实现由工厂制向公司制的历史性转变。

1996—2013年，汉江集团按照建立现代企业制度的要求全面实施转机建制，建立以授权管理为核心的母子公司管理体制，形成了跨地区、跨行业、跨所有制的大型企业集团。汉江集团坚持以经济建设为中心，实施"产业多元化、产权多元化"发展战略，对内优化资源配置，对外实施资本扩张，投资开发潘口、小漩、龙背湾、孤山水电站，不断发展壮大铝业、电石、碳素产业规模，房地产专业化经营走出丹江口，形成了"以水电为基础，以铝业为龙头，沿产业链向外稳健扩张"的模式。这个阶段的显著特征是资本投资快速扩张，经济总量不断提升，综合实力显著增强，为推动集团产业经济实现从量的扩张到质的提升、转向高质量发展打下了坚实的基础。

丹江口人第四次创业实践，开启了新时代高质量发展的治水兴企新征程。

站在2014年南水北调中线工程通水和2015年总部回迁武汉两个历史性交汇时点提出了"做大水电、做精工业、做优服务业、做强汉江集团"的发展战略方针。这也标志着汉江集团正式迈入了第四次创业历程。这一阶段，水利国有企业属性更加凸显，保障工程防洪供水安全成为首要政治责任；战略重心和投资方向逐步向水利水电主业倾斜，工业发展方向由资本投资扩张逐步转向产业做精做细，致力于结构转型升级和内部挖潜增效；服务产业整合优化内部资源，地产、绿化、旅游业务逐步做优做大，成为新的产业经济驱动和重要经济支撑。2016年以来，在北调水量不断增长的前提下，汉江集团实现了资产总额连续增长，利润总额、净利润稳步提升，全员劳动生产率不断提高，特别是研发经费投入年均增速达 25% 以上，企业发展"量质"齐升，国有资产实现保值增值。

四、丹江口人精神的形成

自 1958 年丹江口工程开工以来，汉江集团（丹管局）先后经历了工程建设、建管结合、建立现代企业制度、开启治水兴企新征程 4 个重要的历史阶段。丹江口人精神是时代的产物，其内涵随着时代的变迁不断发展，在我国社会主义建设不同时期表现出不同的时代特征，具有很强的时代性。时代在变化，实践在发展。在新的形势下，丹江口人精神的光荣传统在内容、方式、特征上都发生了深刻的变化。因此丹江口人精神也不是一成不变的，它要随着企业战略和外部环境的变化，做到与时俱进，重新提炼，及时变革，在新的企业精神基础上达成新的价值认同。

作为企业精神，丹江口人精神是时代精神、民族精神、区域精神、行业精神等在一个企业中具体的、有选择性的体现。它融于时代、民族、国家和地域之中，具有很强的一致性，但却具有更加鲜明的独立性，只有这个独立性才给不同企业的企业精神赋予了不同的内涵。企业精神是一块深深打下时代烙印的匾，它清晰而又模糊地盖上了年号大印，它从侧面体现了一个时代的政治、经济、文化的主旋律。

丹江口水利枢纽有着 60 多年的发展史。1958 年 3 月，中共中央政治局正式确立兴建丹江口水利枢纽工程；1959 年 9 月 1 日，丹江口水利枢纽正式破土动工；1974 年，丹江口水利枢纽初期工程全面竣工。这是汉江集团的第一次创业阶段，当年的"10 万建设大军参加工程大会战"，建成了"五利俱全"的丹江口水利枢纽，与此同时汉江集团的企业文化在这个阶段也开始了萌发。通过这 10 多年的管理建设，这样一支原本是以民工为主外加几百名技术工人组成的施工队伍锻炼成了一支相对现代化和机械化的施工力量，为汉江集团日后的发展奠定了强大的人力基础。同时，在建设的过程中，老一辈的丹江口人不畏艰险、风餐露宿、积极进取、拼搏奉献，始终与国家和民族同呼吸、共命运，铸辉煌于历史，谱新篇于当代，谋发展于未来，积累了大量的施工经验和管理经验，为建设后的管理工作奠定了基础。丹江口人"能吃苦、能战斗"的作风正是诞生在这一时期，并影响着一代又一代的丹江口人。

丹江口

治 水 精 神

丹江口

第二章

自力更生是丹江口人的价值观

一、自力更生精神的内涵

"自力更生"一词的出处为司马迁《史记·平津侯主父列传》："及至秦王，蚕食天下，并吞战国，称号曰皇帝，主海内之政，坏诸侯之城，销其兵，铸以为钟虡，示不复用。元元黎民得免于战国，逢明天子，人人自以为更生。"指不依赖外力，靠自己的力量重新振作起来，把事情办好。

自力更生是中华民族的文化基因和精神品质，中华文明史就是中华民族自力更生的历史。习近平总书记将中华民族精神提炼为四个"伟大"，其中之一就是伟大奋斗精神。这种奋斗精神就是"革故鼎新、自强不息"，就是"自力更生、艰苦奋斗"。习近平总书记多次强调"自力更生"，他指出："中华民族奋斗的基点是自力更生，攀登世界科技高峰的必由之路是自主创新。"新中国成立以来，中华大地发生了翻天覆地的变化，这是亿万中国人民依靠自己的力量取得的辉煌成就，是自力更生的史诗。

中华民族优秀传统中的自强不息精神常常被作为自力更生精神在传统文化中的源头。正是凭借着自力更生、艰苦奋斗的精神，中华民族创造了辉煌灿烂的古代文明。万里长城、坎儿井、都江堰、京杭大运河等闻名世界的伟大工程，无一不是中华民族勤劳和智慧的杰出体现；造纸术、印刷术、指南针、火药、地动仪等伟大发明，大大推动了人类文明发展的进程，正是有了一代代自强不息、艰苦奋斗的中华儿女，才有了中华民族五千年不曾断流与失落的浩瀚文明。

自力更生是中国共产党的优良传统。中国共产党自成立时起就自觉担负起了推翻帝国主义、封建主义、官僚资本主义"三座大山"的重任。第一次国内革命战争失败后，我们党开始意识到"中国革命斗争的胜利要靠中国同志了解中国情况，独立自主地去解决"，团结带领人民走上了一条农村包围城市、武装夺取政权的革命道路。1935 年 12 月，毛泽东指出，中华民族"有在自力更生的基础上光复旧物的决心"。毛泽东在 1945 年 8

月 13 日延安干部会议上所作的《抗日战争胜利后的时局和我们的方针》演说中，指出："我们的方针要放在什么基点上？放在自己力量的基点上，叫作自力更生。我们并不孤立，全世界一切反对帝国主义的国家和人民都是我们的朋友。但是我们强调自力更生，我们能够依靠自己组织的力量，打败一切中外反动派。"从此，"自力更生"就成了中国共产党和中国人民相信自己，依靠自己，战胜一切艰难险阻的一条根本经验。抗战期间八路军和新四军在"没有得到一个铜板、一颗子弹的接济"这样极其艰苦的条件下英勇战斗；解放区军民开展轰轰烈烈的大生产运动，克服了国民党顽固派的封锁及严重自然灾害导致的物质、财政极度匮乏的困难，并形成了以自力更生、艰苦奋斗为核心的南泥湾精神。新中国成立初期，百废待兴，国际环境十分恶劣，毛泽东要求："全国一切革命工作人员永远保持过去十余年间在延安和陕甘宁边区的工作人员中所具有的艰苦奋斗的作风。"在制定第二个五年计划时，他进一步强调："自力更生为主，争取外援为辅，破除迷信，独立自主地干工业、干农业、干技术革命和文化革命。"在党中央的号召下，中华民族自力更生、艰苦奋斗的优良传统和精神品质得到了充分发扬，成为激励各族人民意气风发投身社会主义建设的强大精神力量。正是因为有了这种"独立自主、自力更生"的精神气质，中国共产党人才能从极端困苦的环境中走出来，不仅带领广大人民群众推翻了"三座大山"，建立了新中国，而且在一穷二白的基础上主要依靠自己的力量建立起了比较完整的工业体系。为此，在党的十一届六中全会通过的《关于建国以来党的若干历史问题的决议》中将毛泽东思想活的灵魂的第三方面概括为"独立自主，自力更生"八个字。之后在党的十二大上，邓小平又强调："独立自主，自力更生，无论过去、现在和将来，都是我们的立足点。"

丹江口人精神，是在中国共产党的领导下，社会主义和平建设时期鄂豫人民在修建丹江口水利枢纽过程中表现出来的自力更生、艰苦创业、团结协作、无私奉献的创业风范和优秀品格，是中华民族的优良革命传统和伟大民族精神在社会主义建设时期的突出体现，是伟大中华民族精神的传承和升华，是中国共产党革命精神的重要组成部分。"自力更生、艰苦创业、顾全大局、勇于开拓"，这种对丹江口人精神的十六字概括，既生动地阐释了丹江口人精神诞生时的本义，又如实反映了鄂豫人民迫切希望治理汉江的时代要求。立足本地条件、依靠自身力量的自力更生精神是丹江口人精神的基本内容，也是其精神实质中最重要的部分。要改变自己的生存和发展条件，必须把立足点放在自力更生、艰苦奋斗的基点上。

二、在自主创新中开拓自力更生之路

自力更生是中华民族自立于世界民族之林的奋斗基点。在几千年的悠久历史中，中华民族一次次在逆境中奋进崛起，彰显了自力更生、奋发图强的精神，正如毛泽东同志深刻指出的那样，我们中华民族有同自己的敌人血战到底的气概，有在自力更生的基础上光复旧物的决心，有自立于世界民族之林的能力。

（一）新中国第一个自主设计、自主施工的大型水利枢纽工程

作为我国第一座自主设计、自主施工的大型水利枢纽工程，丹江口工程经历过不计其数的探索、失败与艰辛，才成为新中国水利水电建设事业的"摇篮"，并为后来的葛洲坝工程、三峡工程锻造了一支专业化的水利人才队伍。在我国社会主义制度的探索建设时期，面对西方国家封锁、经济社会发展落后等众多困难，水利科技工作者在"自力更生、艰苦奋斗"精神的引领和鼓舞下，攻坚克难、勇于创新，突破西方发达国家对先进技术的封锁、克服经济落后的不利条件，取得了突出的创新成果。

据水利专家、原长江委主任魏廷铮回忆："1952 年，当时的水利部部长傅作义带队进行了汉江坝址勘查，还特意请来了水利部的苏联总顾问布可夫。一行近百人，从武汉溯江而上。"

汉江原始自然风貌

　　勘查组第一站到达的是钟祥县城旁的碾盘山坝址。这处坝址是国民党统治时期，汉江工程局总顾问、美国工程师史笃培选定的。然而，由于国民党政府腐败无能，经济凋敝，社会动荡，这一方案最终只是一纸空谈。新中国水利部的专家考察后，认为碾盘山筑坝综合效益小，淹没大，不宜作为治理汉江的第一期工程。

　　从碾盘山溯汉江而上约 300 千米，专家团抵达丹江口坝址。汉江的最大支流丹江在这里汇入。这里的江面宽约 600 米，两岸山峦连绵，建一坝即可锁住两江。据当时已掌握的工程水文地质资料以及钻探岩芯资料，专家组确认此地是少有的高坝良好坝址。巧合的是，专家们的意见与革命先驱孙中山在《建国方略》中指出的"改良此水，应在襄阳上游设水闸"的观点不谋而合。

　　1954 年，长江发生了自有水文记录以来的最大洪水，加速了丹江口水利枢纽的规划设计工作。这次大水，淹没农田 47755 万亩，受灾 1888 万人，死亡 3 万余人。毛泽东对此非常痛心，下决心根除长江水患，三峡工程再一次被提上日程。

1954 年长江大水过后，毛泽东乘专列沿京广线视察。途经武汉时，他用整整一夜的时间，听取时任长江委主任林一山关于三峡工程的汇报。

许多年以后，林一山在接受《中国水利报》驻汉江记者站站长常怀堂采访时，回顾了这次谈话。这次谈话的最终结果并没有让三峡工程立即上马，却使丹江口水利枢纽有了新的历史使命。

林一山回忆，当时他对毛泽东说："三峡工程我们自己干并不太难，但需要在丹江口水利枢纽建成以后，因为这个工程的规模，也算得上是世界第一流的大工程了。我们有了这个经验，就可以把技术水平提高到能够胜任三峡工程的设计了。"毛泽东对此表示赞赏。

1958 年 9 月 1 日，举行丹江口工程开工典礼（湖北省、河南省及
有关专署的负责同志和参加施工的职工、民工共五千多人参加典礼）

于是，在承担了南水北调工程源头的任务之后，丹江口水利枢纽的背后又有了三峡的影子。为三峡"练兵"的使命，也使丹江口水库成为新中

国第一个自主设计、自主施工的大型水利枢纽工程。

丹江口水利枢纽工程在特殊的年代兴建，它的每一步进展都凝聚了党中央第一代领导集体的关注，及时总结出完全由我国自己的力量建设大型复杂的现代化基本建设工程的规律。

1958 年 9 月 1 日，比预定的开工日期提前了整整一个月，丹江口水利枢纽工程举行了开工仪式。这一年，"大跃进"运动开始。丹江口水利枢纽工程，也是湖北省准备放出的一颗"大卫星"。

丹江口工程工期的设想是在当年 10 月开工，对外宣传保证 1962 年完工，争取 1961 年完工。事实上，丹江口工程前后用了 15 年才完成了一半。

震天的炮声像一个激昂的音符，奏响了丹江口水利工程的序曲。但与这个高音不协调的是，协奏的各项准备工作匆忙、仓促，明显没有跟上。甚至直到开工仪式前几天，爆破用的炸药还没有着落。

1958 年 9 月 1 日，湖北省省长张体学（右持镐者）和河南省副省长邢肇棠（左持镐者）为工程破土动工挖第一镐土

时任湖北省省长、丹江口水利工程总指挥的张体学亲自跑到光化县（今老河口市），才找到了1000多千克合成炸药。这才确保了丹江口水库能够鸣炮开工。

丹江口水利工程开工后，迟迟没能真正进入建设阶段，是因为一场"土"和"洋"的争论还没有完结。

建设丹江口水库大坝，首先要在汉江右岸筑围堰，当时有3种方案：第一种方案是长江流域规划办公室根据苏联专家的建议，采用钢板桩筑围堰，这种在国外大型水利工程上经常采用，所以被称为"洋法"。但当时我国工业基础薄弱，不能生产这种钢材，而当时的外交形势也使我们从国外采购这类钢材有困难。

第二种方案是用木板桩代替钢板桩。这是对"洋法"的一种折中，但其需要3000多立方米优质木材和大量施工器材，我们同样面临采购、运输上的困难。

来自湖北、河南、安徽三省的10万建设大军清基筑坝，昼夜不停工，白天人山人海，夜晚火把、汽灯连成了长龙

第三种方案是中国劳动人民治水用了几千年的纯粹的"土法"——水来土囤，在河道内填土石堆出一道围堰来。这种最原始的方案遭到大多数专家的反对，因为它既不符合工程技术标准，又没有理论依据，用这种"土法"和"脾气暴躁"的汉江搏斗太过冒险。

三方争论一直没有停止，直到 1958 年 10 月底，前两种方案被现实否定。右岸围堰的施工方案最终还是要靠"土法"。经过专家的完善，最终确定了土、砂、石组合围堰的方案。但是，选择了这种方案，也就意味着基本放弃了大型机械化作业，要完全依靠人力移山填江。

1958 年，湖北、河南两省 3 个地区 17 个县的 10 万民工挑着干粮，带着简陋的工具，汇集到丹江口。军人出身的湖北省省长张体学实行军事化编制，把 10 万民工及水利技术人员全体组成 9 个师。

1958 年 11 月 5 日，右岸围堰工程正式启动。12 月 25 日，右岸围堰胜利合龙。10 万建设者仅用 50 天时间，就用"土法"将右岸一座名叫黄土岭的山铲平填进汉江。

1959 年 7 月 18 日，总指挥部发出了"腰斩汉江，今冬截流"的号召。12 月 24 日 11 时 55 分，在万众"加油"的呐喊声中，15 吨重的混凝土块落入水中。一石压断长龙脊，从此，左右两岸连成一道长堤，横断了浩瀚的汉江。

汉江成功截流后，工程施工加紧推进，在没有任何机械化设施的情况下，施工上仍然大部分靠人力手推车、皮带运输等浇筑手段，混凝土中埋块石没有统一配制，只看埋入数量，石渣子、灰渣子、沙软土都往坝里填。此后竟连担土用的竹筐子都填到坝里了。

1959 年 12 月 26 日，建设大军用 190 分钟腰斩汉江

1962年，在计划中要确保完工的年份，大坝不仅没有完成，而且出现了严重的质量问题，"大跃进"中埋下的隐患终于暴露出来。

1962年，党中央对"大跃进"错误进行纠正，丹江口工程被要求暂停。此后，因三年困难时期元气大伤，国家开始对基础建设进行压缩。水利电力部（简称"水电部"）决定丹江口工程下马，并准备了"文下""武下"两种方案。所谓"文下"，是国家再作一些投资，让已浇好的近百万立方米混凝土工程对汉江防汛能起滞洪作用；所谓"武下"，就是就地解散。

获知此事的张体学坐不住了。他马上起身赶往北京面见毛泽东，承担了前期所有错误，同时力陈建设丹江口水库的必要性。后来经过多方努力，丹江口大坝没有下马，而是先将主体工程停下来，开始处理质量事故。

1964年12月，国务院批准了丹江口工程复工。但此时，丹江口工程变成了分期进行。前期工程将大坝建到162米高程，实现防洪、发电目标。

有了前面的教训，丹江口工程的施工作风大为转变。前期的质量问题分别采取措施进行了补救、加强，确保无虞后才重新严格按照质量标准、技术规范复工。

1968年，丹江口水库第一台15万千瓦机组投产发电。1974年丹江口水利枢纽初期工程全部完成。

（二）设计是水利工程的灵魂

在回忆丹江口工程的几次重大设计改变时，中国工程院院士、水利工程专家、时任丹江口水利枢纽设计核心组及现场设计代表组组长文伏波深深感到，设计是水利工程的灵魂，质量是水利工程的生命。文伏波谈到了建设期的一些设计创新，其中一次是在建设初期，工程开工不久，采用钢筋混凝土楔形梁对破碎断裂带进行处理。当时在9～11坝段有两条比较大的断层破碎带，如不处理将难以保证施工安全，为此曾经想过将断层破碎带全部挖除的办法，但因工程量太大而放弃。

1959 年，苏联专家组组长巴克塞耶夫与中方工程师在工地

　　在苏联专家的建议下，确定只挖除最表面 10 米的破碎带，在其上浇筑大型楔形梁，将坝体压力传输到两边较为完好的基岩上，一举克服了面积达 1700 平方米的断层破碎交会带对大坝的安全威胁。这个设计既安全可靠，又方便加工，当时在国内尚属首创。

　　为保证工程的安全，设代人员在地质方面，尤其是基础开挖方面始终坚持原则，寸步不让。那些天，文伏波和曹乐安每天都带领同事们亲临现场，日夜值班，检查验收，当得知右岸河床开挖，有人提出用钻机钻深孔爆破的方法并准备实施时，文伏波将情况电告林一山主任，林主任及时向周恩来总理汇报，随即水电部便作出了"禁止放大炮"的决定。在施工过程中，有人提出全部取消右岸导流底孔下游的护坦，文伏波也坚决反对，最后经协商后，决定将护坦长度由 80 米缩短到 40 米。在长江委的坚持下，丹江口的基础工程成立了验收委员会，验收小组由设计、施工和地质三方面的人员组成，日夜坚守在基坑内，直到全部验收合格后才签字，准许在上面浇筑混凝土。

混凝土施工系统

　　完善的质检制度保证了基础工程的质量，把住了安全最关键的一环，因此，尽管以后在混凝土浇筑上出现了大问题，但大坝基础尚好。这也使将来的补强工作成为可能。丹江口工程长期停工而没有下马，基础工程立下了汗马功劳。

　　1962年2月8日，周恩来总理在京召开会议，明确指示工程停工。要求长办负责设计，施工服从设计，设计监督施工，首次明确了设计在工程建设中的主导地位。1962年3月，丹江口主体工程暂停施工，直到1964年底，才开始重新施工。

　　这两年多的工作重点是大坝的补强轮廓设计，为此，长江委与丹江口工程局共同组成大坝事故处理科研组，时任长江科学院（简称"长科院"）副院长的杨贤溢任组长，水电部也派出得力人员协助，对已浇筑的89万立方米混凝土进行了全面的裂缝检查，基本弄清了重要裂缝的深度和贯穿裂缝的分布，在充分进行科学试验的基础上，长江委提出了大坝补强轮廓方案，工程局也据此对大坝进行了认真补强。

与此同时，长江委还遵照中央指示，加强对机械化施工的附属企业、辅助工程进行改造、扩建或兴建，做好机械化施工准备；丹江口工程局抓紧时间精简队伍，使民工数量由最多时的10万人，逐步减少到3万～5万人，最后又减到1万人。这些民工都经过了精挑细选，又进行了专门的培训，较为熟练地掌握了各种技能，成为丹江口工程局的重要力量，部分同志先后转战于葛洲坝等水利工程，为治江事业立下了汗马功劳。

由于国务院规定的补强设计、机械化施工准备和精简队伍的3大任务均已完成，1964年底，丹江口工地逐步恢复了大坝混凝土的浇筑，热火朝天的工作场面再次在工地出现。但此时的局面已与4年前有了根本区别。最为突出的是尊重科学、质量第一的观念深入人心。工地制定了较为完备的机械化施工方案，较为合理地确定了每一部分、每一阶段工程的施工进度表，违背科学、打乱仗的情况基本没有出现。丹江口工程复工不久，"文化大革命"便开始了，此后直到完工，仍在"文化大革命"时期。许多领导和工程技术人员都不能正常工作，文伏波也被降格为绘图员。在1969年更是离开了丹江口工地。

也许是工程初期冒进思想带来的质量事故，以及此后被迫暂停的经历过于刻骨铭心。因此，尽管工地上出现了怀疑一切，打倒一切的风气，但1964年制定的规章制度，以及质量第一的观念在工地却没有任何人敢于破除和否定，大坝浇筑的质量和秩序没有受到"文化大革命"的干扰，始终平稳地进行。工程建成后，经过数十年的运行考验，也没有出现什么隐患。

文伏波在多年后谈到，限于当时的条件，长江委设代人员在丹江口工程的建设过程中，为适应施工方的需要，想了很多办法，搞了一些科学创新，也取得了较好效果，一些成果还在此后的治江实践中得到应用。但多年的治水经验告诉他，水利枢纽工程，尤其是大型水利枢纽工程不仅工期长、投资大，而且直接与广大人民群众的生命财产息息相关，因此一般只能采取成熟的经验。在工程建设中设计居于先行与主导的地位，是整个工程的灵魂，必须事先综合考虑各方因素，而且必须留有余地。丹江口工程的诸多创新是屈从于时代的产物，多少有些冒险、激进，不值得提倡。如果可能，宁可老老实实地按照既定的机械化施工方案，把工程平平安安地做下来。

在施工现场忙碌着的工程技术人员

三、特别能吃苦，特别能战斗

从毛泽东选址丹江口到工程开工，从发现质量问题到初期工程竣工，丹江口水利枢纽工程的建设自始至终充满着传奇色彩。尤其是建设过程经历了"大跃进"、三年困难时期、"文化大革命"的峥嵘岁月，更是一波三折。然而，顽强无畏的丹江口人凭借"特别能吃苦，特别能战斗"的革命情怀，最终驯服了暴戾的汉江，筑起了巍巍大坝。他们所具有的惊人毅力和勇气，显示了中华民族在自力更生的基础上自立于世界民族之林的坚强决心和能力。历史将铭记那一段激情燃烧的岁月，丹江口大坝也将永远铭刻水利人自力更生的奋斗精神。

（一）移山填江，十万大军会战丹江口

随着 1958 年 9 月 1 日的一声炮响，丹江口水利枢纽工程开工，来自河南省、湖北省等地的 10 万建设大军编为两个兵团，分住在左右岸的山顶和山洼之间。江面上近百支民船连成的长龙浮桥把左右岸连在一起。

"搬平黄土岭，填平汉江心！""让高山低头，叫江水让路！"这气吞山河的战斗口号，真实反映了当年 10 万治水大军"会战"丹江口的波澜壮阔的恢宏画卷。然而，他们又将遇到多大的艰难和困苦呢？那时正值"大跃进"第一年，全国很多人缺衣少食，生活贫困。在丹江口工地上，10 万人的吃住问题也显得非常突出。

1959 年 3 月，10 万建设者用肩挑人抬的"土法"筑围堰

当时施工工作和生活条件极为艰苦。一方面要在前方施工，另一方面要亲自盖房和上山砍柴，柴交给食堂以入伙，随着施工队伍的扩大，大家的生活压力更大了。生活设施可以说几乎没有，住的是油毛毡搭起的简易工棚，棚里除了铺在芦苇秸秆上的一床被褥外，几乎一无所有。吃的就更不用说了，且不说当时处于困难时期，生活水平低下，就是当时有充裕的物资，由于交通严重不便，也很难运来。

在这样艰苦的条件下，施工人员的生产积极性仍然空前高涨，同志们相互鼓励时说得最多的两句话是："苦不苦，想想红军长征二万五；累不累，想想革命老前辈。"

1959 年 5 月 20 日，民工在开山劈岭

从大坝开工到 1959 年 12 月 25 日汉江截流，在 1 年 4 个月的时间里，大家以土为主，用两个肩膀、一条扁担、两个篾箕，完成了挖填 250 万立方米的土石方；通过人工以及 0.4 立方米的 10 多台拌和机，配合完成了 40 万立方米的混凝土拌和及浇筑，终于使大坝按时顺利截流，使丹江口工程迈过了创业史上最困难的时期。

今天再回顾这段历程，也许人们会哑然失笑——修这么大的工程居然用这么土的办法。但这却正是丹江口人的革命进取精神。当年陈毅元帅赞扬淮海战役中百万民工支援前线的精神说："淮海战役的胜利是人民群众用小车推出来的。"丹江口人正是继承了这种革命精神。

1959 年春，汉江的桃花汛来了，流量在 3000 立方米每秒左右，按建坝后的标准来看，它不值得一提，可在那个时候问题就大了。洪水一来，左右岸的民船连桥都被冲散了，刚修好的低水围堰也被冲了个大缺口。以张体学为首的老一辈领导指挥抢险，沉船、沉柳枕、沉竹笼，用人墙堵水，人在围堰在，经过一天一夜的抢救，保住了围堰。洪水冲下来不少木料，这可是大坝建设的最基本建材，可不能让它白白冲走。指挥部组织机关干部跳到齐胸深的急流洪水中，从上午抢到晚上，最终把上百立方米的木料捞起来了。

1960 年 1 月，建设大军唱着劳动号子，冒着零下
7 摄氏度的严寒，肩挑人抬，开挖基坑，时称"小土群"

保障基坑抽水、开挖、浇混凝土等用电的红旗电厂的抽水船也被冲跑了，无法发电。洪水过后又要建新泵站，拆来拆去，有时一个星期要折腾好几次，影响到围堰内施工，影响工期。但办法是逼出来的，有压力才有动力，随着天气和水情预报工作的逐步完善，对于洪水的到来和消退，相关单位基本上可做到提前一天报告。为了不影响和尽量少影响机组发电及泵船的丢失，只在洪水到来之前提前将泵船推到岸边，在洪水退落之前再将船推到距江边 200 米左右的江水之中。

红旗电厂组织了青年突击队来实施这项任务，并要求不管是晴天还是雨天，都必须按时完成。四五月份的江水虽不是冰冷刺骨，但也会把几十个小伙子、小姑娘冻得直发抖。在水中，大家随着号子声、加油声，把近50吨的大木船一点一点推向岸边，或远离江边200米的江水中。大家穿着湿衣站在水下，只露出头，把身子深藏在水中，因为江风一吹，身体就更冷了。

人们在与大自然的斗争中积极发挥聪明才智。为了不影响发电和克服来回推船的繁重劳动，大家在岸边至江中架设了近200米长的大钢管，到洪水再到来时，泵船只要沿着这根钢管划走就行了，来回推船这项特殊的劳动从此结束了。

在丹江口大坝下游约500米处，有一块凸出水面的混凝土大石块，远远看去好似一座江心岛。每到夏季，不少喜爱游泳的丹江口市民便会在汉江河中劈波斩浪，游至此处时便会三三两两地攀至这块大石上小憩一会儿。这块大石与当年的丹江口大坝建设有着密不可分的联系。

在丹江口大坝初期工程建设初期，一些小型施工材料还可以凭借肩挑手抬，可左岸的大型施工设备却无法过河。"要想富，先修路"，这个亘古不变的真理，在当时的那个年代也同样适用。为了满足大坝施工建设需要，时任湖北省省长、丹江口工程总指挥长的张体学向全国发出求援信号，急招有一定经验的桥梁设计人员。随后，一位陈姓的工程师从北京赶到了丹江口。他一来到工地便开始实地勘查，完全放下知识分子的架子，与工人同吃、同住、同劳动。在他的指挥下，这座当时号称"亚洲第一悬索大桥"的汉江悬索大桥于1959年3月25日动工，并于1960年5月1日完工。该桥6墩5孔，每孔跨径120米，全长698.7米。

俗话说："隔山容易隔水难。"时任丹江口初期工程均县民工师师政委、汉江集团离休干部费正华回忆起当年大桥通车时的场景，仍是记忆犹新："当时，很多居住在附近的老百姓都赶来看这座在汉江上兴建的第一座大桥，有来自青山岗的、土台的，还有凉水河的，一些河南的老百姓还特意背着干粮赶到丹江口来看桥。大家第一次过桥,都敲锣打鼓,又是唱歌,又是跳舞的,那场面真是热闹极了!"

与费正华同岁的穆道华1958年从淮河水利委员会来到丹江口工地参加大坝建设。当时,他担任机械师铁道连连长,主要负责工地砂石料和混凝土的运输任务。由于当时的材料运输主要靠人工或渡船,汉江悬索大桥的建成,让工地上的材料运输得到了极大的便利。穆道华当年带着运输队隔一天会从桥上过一次。他回忆说,当时人空着手走在上面没什么感觉,但如果负重从桥上过,会感觉桥晃得厉害。大桥在建时,有些人曾私下议论:这座桥是不是离大坝太近了?

事实证明,这座曾受当时紧迫的生产需要、有限的施工条件限制以及仅有为数不多经验可借鉴的悬索大桥,确实没能经受住洪水的考验。

在1960年9月7日《丹江口报》上一篇题为《悬索大桥上的战斗》一文详细地记载了当时的情况。

1960年9月初,汉江上游发生了28000立方米每秒的特大洪水,这是近50年一遇的洪水。洪水严重威胁着正在施工的上下游围堰的安全;影响着河床坝体混凝土浇筑。距离大坝仅500米的汉江悬索大桥同样饱受洪水的冲击。

江水不断上涨,猛烈的浪花翻滚,后浪推着前浪,前浪撞击着悬索大桥桥墩,桥身在动,悬索在晃! 5号桥墩发生了倾斜现象。车、人都禁止通行。

9月5日晚上9点半,雨下得更大了,惊涛骇浪翻上了桥,这时5号桥墩歪得更厉害了。基建局大桥指挥所命令坚守在5号桥墩上的同志立即撤到4号桥墩。这些同志刚刚按照命令撤回来,右岸引桥又突然发生了情况。

夜深了,桥面突然发出"咔嚓"的响声,这预示着桥墩要倒。这时,在左岸桥头上,时任工地党委副书记的石川主持会议,研究了抢救措施。9月6日早晨7点,时任工地党委副书记的任士舜、夏克、李枫等又同顾问工程师雷鸿基、总工程师赵钟灵来现场进行察看,决定拆掉桥面以减少桥面的压力和阻力。但是，派谁去呢？时任基建局党委书记的赵耕民说："我们已经组建好了突击队，可以把任务交给我们完成。"

8点以后，第一班10名突击队员穿上救生衣，手拿撬杠、斧头、锯子等工具走到4、5号桥墩的桥面上，撬杠还没有撬下去，一个大浪向他们身上扑来，衣服全湿了，战士们躲过一浪又一浪，一直坚持在危险的桥面上进行顽强战斗。

换了一班，又换了一班，突击队员一直在桥面上坚持战斗。但是洪水的冲击越来越猛烈，突击队员们下午4点多无奈地紧急撤退了。

桥下，设置了警戒线，禁止人员上桥。桥面上，陈工程师独自站在桥上拿着相机收集数据资料。

这时，从左岸坡上经过的费正华和穆道华都看到了这个惊险的场景。"当时桥上只有陈工程师一个人，大家都在桥下喊：'桥要垮了，快下来！快下来！'可陈工程师却大喊着：'你们下去啊，危险啊，我要观察，我有罪，桥要完了！要完了！'"

下午，黄色的波涛像连绵起伏的山峰，一个浪头比一个浪头高，5号桥墩越晃越凶，瞬间，5、6号桥墩被冲倒了。

桥面上的陈工程师与大桥同归于尽，令人唏嘘不已。

汉江集团退休职工石敏贞是时任丹江口工地党委副书记的石川的女儿。她回忆，当年她父亲在大桥即将冲垮之时，曾在桥面上指挥，这时，一位同志跑来告诉石川，张体学总指挥长来电话找他，于是石川跑下了悬索大桥。可就在他离开大桥后的一瞬间，桥被洪水冲垮了。人们后来都开玩笑地对石川说："你真是捡回了一条命啊！"

3个桥墩被洪水冲倒了，丹江口人都很惋惜，但同时，大家也意识到这座桥在设计上有一些缺陷，那就是桥建得离坝太近，又恰巧在汉江两岸最狭窄的地方，如果大桥建在下游200米逐渐宽阔的水面之上，也许就不会有桥毁人亡这样的悲剧发生。

1962年11月23日，因悬索大桥无法修复，汉江丹江口工程局向水电部提交了《关于汉江悬索大桥报废请求报告》。这座汉江悬索大桥虽然通车只有几个月的时间，但它却为丹江口工程的建设立下了汗马功劳。

费正华回忆说："虽然这位陈姓工程师在大桥设计上出现了致命的错误，但我心目中对他是很敬重的。因为在桥被冲垮之前，他想的不是保住自己的性命，而是收集各种数据资料，他如果不是抱着一颗'忠于毛主席，忠于造福人民的心'，是绝对不会这样去做的。"

还有许多像陈工程师这样为丹江口大坝初期工程建设流汗流血的无名英雄们，无私奉献、不怕牺牲地支撑着工程建设。

1961年初，正当三年困难时期的后期，按照"调整、巩固、充实、提高"八字方针，许多工程下马。丹江口水利枢纽在周恩来总理的亲自关心下，按照调整后的初期工程设计标准，降低坝高，减少工程量，是当时全国仍然继续施工的少数几个重点基本建设项目之一。

浇筑队的老同志回忆，当时浇筑队住在右岸老虎沟，队部和工人宿舍一律是由建设者自己动手盖起来的，人们从山上砍来黄荆条，到江边挖来泥巴拌上石灰糊成泥巴墙，用油毛毡做顶棚，宿舍就盖成了。干部和工人都睡几十人一炕的大通铺。夏日热气蒸腾，蚊蝇乱飞；冬天北风呼啸，凉彻心骨；最恼火的是下雨，外面下大雨，屋里下小雨。一天半夜来了一场暴雨，工人们把面盆、木桶、饭碗甚至水杯都用来接水，还是不行，只好卷起铺盖。邻铺的工人相背而坐，头伏在膝盖上，居然还能打盹到天明雨住。

浇筑工人上工，一律头戴柳条盔安全帽，脚穿深筒胶靴，身着劳动布工作服，下工从浇筑仓里出来，浑身上下都是水泥浆，成了一个泥猴。那时洗衣的肥皂按计划配给，8个人1个月才能分到一块肥皂，这哪里够用，只好到农村买稻草烧灰滤水洗衣。由于劳动强度大，粮食定量根本不够饱肚，工人们就利用山前屋后开荒种菜，种丝瓜、南瓜，实行"瓜菜代"。中餐送到工地，照例每人一个草鞋馍（用发面贴在锅上，底黄脆而面似发馍，香软可口，因形状酷似过去汉中人穿的草鞋而得名，是均县一带农民的家常面食），一块大头菜，只有菜叶酱油汤敞开供应。大家非常盼望每月3次的牙祭，因为那时可以吃到粉丝炖肉或者红烧小鱼。

每次开饭的点是工地上最热闹的时刻。吃饭时，大家聚集在仓面上，有的坐在壳子板上，有的蹲着，照例每人一个草鞋馍，一块大头菜，还有敞开供应的青菜酱油汤。人们一手端着菜叶汤，一手拿着喷香的草鞋馍，吃得有滋有味，谈得兴高采烈。

浇筑队是一支了不起的队伍，他们中有的人参加过抗美援朝，具有强烈的事业心和纪律性；有的是转战于淮河佛子岭水库、梅山水库、响洪甸水库和黄河三门峡水库工地的老工人，具有丰富的施工经验和高度的质量意识；还有的是汉江两岸的青年农民，纯朴憨厚，吃苦耐劳，有着除害兴利、建设美满家园的强烈愿望。他们都知道1935年那次大洪水一夜之间淹死八万人的惨剧；他们更知道，以防洪、发电为主要任务的丹江口工程，虽然只能减小汉江洪水对中下游的严重威胁，但是工程修到最终规模，则可以从根本上消除汉江洪水对中下游的毁灭性灾害。基于这样的认识，他们生活虽苦，却始终愉快、乐观，充满必胜的信心。

当时施工条件十分简陋. 大规模施工的摊子虽然已经铺开，而机械化施工体系尚未形成，许多方面仍然采用与这项大型现代化工程不相适应的初始化方式。混凝土拌和楼还未建立，只能用搅拌机、混凝土进仓方式，开始用皮带运输机运输混凝土，但由于运输过程太长，运输途中，混凝土水分蒸发过多，骨料分离严重，很不符合质量要求；后又改用吊罐入仓。但由于仓面太高，多节的木制活动漏斗过长，也太笨重，工人操作起来十分艰苦，而且骨料分离十分严重，木制漏斗不论多么使劲甩动，覆盖面积总不够大。尤其在模板呈直角的拐角顶尖处，混凝土料很难直接送达，工人们需要用铁锹使劲地把料子一锹锹铲甩过去。特别是值下夜班（24时到次日8时）的工人，每到凌晨都已精疲力竭，操作起来十分艰苦。且要使骨料不分离很难，浇筑的混凝土往往在模板拆除以后暴露出蜂窝狗洞，甚至更大的架空，对工程质量影响很大。至于关系到混凝土质量的温度控制，骨料预冷的问题就更谈不上了，仅此一斑，就可以想见当时施工条件是何等的困难，其他如起重、安装、运输、筛分等方面，大体也是如此。

长江委测绘队的老同志对丹江口岁月同样有着刻骨铭心的深刻记忆。长江委第五地形测量队除了负责大坝的围堰基础施工放样外，还担负丹江口水库库区 1 ：10000 地形图（即淹没区地形图）的测绘工作，测量队组织了许多测绘小组去完成这一艰巨的任务。

1962 年，测绘各项准备工作已就绪，却请不到人运行李。当时的交通运输全靠人拉肩扛，民工们都在修筑围堰，根本找不到人手。为按时完成任务，测绘队员每人一根扁担，挑着自己的行军床、衣被和测绘器具，硬是走了两天才到达均县草店。到达测区后，同志们顾不上休息，就上山寻找三角控制点和高程控制点，再加密本图幅的测绘控制点（测站点）。

当时受"大跃进""浮夸风"的影响，草店的生活条件极其艰苦，附近的生产队队员能吃上萝卜汤加少许豌豆面已算是上好的生活。测绘小组在山里老乡家还能吃上红薯、苞谷糁，这已是相当不错的了。尽管生活条件不好，工作环境又恶劣，但他们仍坚持每天早上天不亮就起床做饭，然后背着笨重的测绘工具，走 10 多里（1 里 =500 米）山路到测绘点，等天一亮就开始工作，晚上天黑后才回驻地，还要检查一天的记录，确认无误后才能休息。这时往往已是午夜时分了。

在小说中可以看到"鬼哭狼嚎"这样的比喻。在大山沟里，虽然听不见"鬼哭"，但"狼嚎"却每天听到，尤其在傍晚夕阳西下的时候，在那高高的山脊上，一群群的野狼仰天长鸣，那凄凉尖长的叫声在山涧回响，令人毛骨悚然。

有一天下午测绘时，需要山坳里的同志竖标尺，测绘人员凌受泉用手旗向山坳里的同志打旗语，并吹口哨要他竖尺，可半天不见动静。凌受泉从观测镜中寻找，才发现这个同志正拿着标尺和一头大野猪搏斗。野猪的叫声惊动了在山梁上劳动的生产队老乡们，霎时，漫山遍野都响起了追打野猪的叫喊声，有个老乡拿来一支土猎枪，追上去放了好几枪才把野猪打死。

经过60多天紧张的工作，测绘人员终于完成了整幅图的外业工作。测量队检查员验收合格。

（二）不忘初心，"铁姑娘"巾帼不让须眉

在"特别能吃苦，特别能战斗"的建设者中，还有这样一群"铁姑娘"的身影，她们在国家建设最需要的时刻勇敢出列，担当责任，支撑起大坝的坚实脊梁。

在工程建设过程中，由山村姑娘成长起来的工地著名劳动模范何国荣（右一）

1958年9月，19岁的"铁姑娘"何国荣作为第一批民工参加工程施工，编入四师一团二营七连。施工伊始，到处是荒丘水塘，寸步难行，何国荣和工友们就打眼放炮、清淤铺石，修出了一条条施工便道。1958年底，连

续几天下雨，接着又是雨夹雪，基坑出现一片片齐腰深的水洼，迫使施工停了几天。难道是抽水机出了故障？何国荣跑到配电房找电工询问，电工老李师傅嘟囔："别老拿我们电工说事，我都查过了，抽水机没有故障，应该是这几天的雨雪带着泥沙冲了下来，把抽水泵头堵住了，现在需要有人到水洼里，清理堵塞的泥沙，清干净后就可以恢复抽水了。"

时值寒冬腊月，北风呼啸不停，气温降到零摄氏度以下。连队的一些人面露难色，何国荣对大家说："我先下水看看，你们就别下了。"说着就脱掉棉衣、挽起裤腿往水里蹚。看到她毫不犹豫地往水里走，坡上的男同志也跟着往水洼里跳，最后连女同志也跳了下去。不久，堵塞泵头的小石子和泥沙被清干净了，抽水机又欢快地运转起来。

紧接着的是丹江口大坝浇筑的攻坚阶段，急需大量砂石料浇筑大坝，当时没有挖砂船，只能从山上采石。打眼、炸石、开山，全靠人工完成，特别是打炮眼，抢大锤，既要眼力好，还要力气大，一天干下来累得胳膊都抬不起来。但何国荣和大家都坚持了下来，干重活不输给男人，没一天落下。

后来，连队领导还几次找到何国荣，询问她的身体状况，生怕落下什么疾病。她每次都回答说身体很好，但其实她已经8个月没来例假。1959年6月，何国荣被评为湖北省劳动模范。

走在前面的还有献身平凡工作岗位，因施工而断臂的钱国芝。1958年，要建设丹江口水利枢纽工程的消息传到小村庄，钱国芝兴奋急切地报了名。8月，钱国芝随大伙挑着被子和用具徒步来到丹江口。这里的一切比她想象得差许多，没有房子，没有道路。连树木也很少看到，只见处处是荒凉的黄土岭和老虎沟，满山遍野的荆棘，东跑西窜的野兔、黄鼠狼。但汉江两岸黑压压的人群和战天斗地的气概深深地打动着她。钱国芝站在汉江丹江口水利枢纽工程远景规划图下，向往着明天，憧憬着幸福，沉浸在亢奋欢乐之中。

1960 年 8 月 11 日清晨 6 时许，钱国芝工作在大坝下游围堰 4 号皮带机旁，突然机子像拉车的毛驴上不去坡一样，吭哧吭哧地挣扎着走不动了。她急忙沿机寻查，发现一块大鹅卵石卡在机子的尾部，她用铁锹去拨，但未能奏效。不行！后面砂石料越来越多，电动机有烧毁的危险。钱国芝扔下铁锹，用右手使劲扒那块鹅卵石，"哗啦"一声，她的右手卷进了皮带机内，刹那间，整个右臂像刀切一样，飞出去几米远，当时她全身一震，昏倒在机旁。钱国芝在住院治疗 56 天，回家休养了一个月后，再也坐不住了，跑到连部要求上班。领导们看到钱国芝这不对称的身体，皱眉犯难，嘘寒问暖，夸奖鼓励一番后说："你回去歇着等信。"几天后，钱国芝听到去配料组上班的消息心里十分激动。自己暗下决心：我失去右臂，还有左手，还有双腿，还有一颗为丹江口工程尽份力量的红心。

模板、铁丝、铁钉等，是当时大坝浇筑混凝土必需的材料，别人都是两人共抬一箱铁钉或一捆 50 千克的铁丝，没有人愿意跟钱国芝搭伴，她就独自扛起铁丝攀登 200 多级台阶，将笨重的物资送到现场。后来，钱国芝被调到物运分局"五七"组当搬运工。卸水泥、运草包、扛毛毡，样样活她都咬紧牙关不示弱。

1958 年 9 月 5 日，曾庆菊来到了丹江口工程建设工地。她回忆说："我老家在草店。那年，我才刚过 15 岁生日，就跟着生产队的同乡一起前往丹江口，走了 100 多里路，边走边哭，走了两天才来到了丹江口。到了以后看见大坝开工那天放的礼炮灰都还有几尺厚。"当年爱哭鼻子的小姑娘从此就在丹江口扎下了根。

工程开工初期，条件极为艰苦。曾庆菊回忆说："那时到处都是荒山秃岭，我们来了以后编进了一师二团，给我们每人发了一根扁担两个箩筐，天天去工地上挖基坑、挑土，一天要干 12 个小时。住的是草棚，睡在稻谷草上，吃饭要靠抢，我年纪小又抢不过大人，所以那时候天天哭，想回家。"

穆桂英排与武松排比赛挑土

　　虽然嘴上吵着要回家，但"铁姑娘"的韧劲促使曾庆菊在工程建设上一干就是 35 年。那时，她已经在丹江口工程工地上干了一段时间，指导员见她年纪太小就选她进入了师部宣传队做宣传工作。那几年，她亲眼见证了汉江截流、悬索大桥冲毁及工地上"穆桂英排""花木兰排"的劳动竞赛等丹江口工程建设史上的重大历史事件。"那时，我们宣传队主要负责在工地上搞演出，为工人干活鼓劲加油。"曾庆菊说，"机械化上来以后，我们是 8 小时工作制，工作就稍微轻松了些。那时我是共青团团员，每周休息一天，我们要用半天时间参加义务劳动。不需要拌和材料的时候，我们就去工地上抬石头。4 个人抬一块四五百斤（1 斤 =0.5 千克）重的石头，只有我一个女的去抬。在修建护坡时，一块滚落的石头当场就砸在了我的左腿上，到现在受伤的地方还没有知觉。"

　　1958 年 9 月的一天，灼人的日头下，千余青壮年身背纤绳拖拽着 30 条渔船，沿着汉水河岸迤逦走来。他们从沔阳县（今仙桃市）出发，历时 15 天，逆行数百千米，只为赶赴丹江口工程建设大会战。这段鲜为人知的历史是当时只有 12 岁的昌先早对丹江口工程的最初记忆。这支队伍的带头人叫吕福全，是吕先早的父亲，正是在他的组织和动员下，沔阳县八师四团建设大军顺利组建。

1959 年春天，吕先早全家移民到了丹江口。从小就是家里顶梁柱的她，13 岁就开始了"打工"生涯，帮厨、编竹筐、编竹篓，她都干过。

1964 年，丹江口工程开始"小施工，大准备"，要选思想好、肯吃苦的青年工人（简称"青工"）修建"汉丹线"，吕先早"铁姑娘"的名号由此传开。修建铁路要开采石块，点炮眼，一些男工人都不敢点，她敢点；重达 200 斤的枕木，她一声不响地和男工人一起扛。

1966 年，吕先早开始做和大坝"亲密"接触的工作。吕先早说："最开始我们负责导流底孔宽缝回填。冬天，从坝顶闸门上冲下来的好几米高的水直冲到衣服领子里，别人都不愿意去干这个活。他们说：'先早你行，你去干。'我这个'先进'就是这样死干出来的。"

大坝主体工程停工后，所浇筑的墙皮都老化了，重新施工后，需要冲洗打毛。当时规定，一个人一天要打毛 4 平方米，而吕先早一天能打毛 12 平方米。十八垮要一次性浇筑成功，吕先早又从冲洗工变成了浇筑工。"我们都是现学的混凝土浇筑，有时一干几天在坝上不下来，困了就在草包上打会儿盹，比修铁路还累。"

那时，为了提高施工速度，各施工队伍必须打破工种界限，紧密配合。"我当时是浇筑大队代理团委书记，选上了青年突击队队长。各施工队伍队员只要下了班就参加突击队，哪里有需要我们就去哪里突击干活。当时大家都能干，不是我一个人能干。我的师傅都积极主动报名参加突击队。"在完成丹江口工程建设的任务后，吕先早又投入黄龙滩电厂的建设中。

四、一颗红心两只手，自力更生样样有

自力更生体现了深刻的马克思主义基本原理，尤其是群众史观原理。历史是人民群众创造的，人民群众创造了物质财富、精神财富，是社会变

革的决定性力量。一个国家、一个民族的革命建设成就，归根结底是依靠自己的人民实实在在干出来的。这是自力更生精神的核心。

（一）自己动手，丰衣足食

在积极乐观的战斗精神激发下，群众的智慧是无穷的。人山人海、如火如荼的丹江口工地，如同一个规模宏大的练兵场，为10万建设大军提供了一个展示自己聪明才智和专业技能的大舞台。

建设初期，进丹江口的民工很多，当时没有材料也来不及搭建工棚，民工们每人三尺（1尺 = 0.33 米）雨布，住在露天地，下雨就顶雨布。修筑低水围筑时，张体学同志和老一辈的领导每天带领民工在现场日夜奋战，坐镇指挥，吃住都在河边的挖泥船上。那一段时间天天下雨，施工现场泥泞路滑，民工穿草鞋或赤脚干，干部穿草鞋和雨鞋与民工一起干。大家吃的是红薯、红薯干、麦瓣，没有设备加工，吃了不消化，经常拉肚子。

为了解决住房问题，总指挥部号召广大干部群众一起进山割草，修建工棚。大家进到山里，砍树的砍树，割草的割草，背回来搭架盖顶，用泥土糊成墙壁，在地面上铺层茅草，一间间通铺的工棚就建成了。人们在每一堵隔墙上挖一个方孔，中间放一盏豆油灯，供夜间照明之用。人们从工地上下班后并不急着返回住地，而是来到几千米外的深山里砍柴和割草，把它们送到食堂以备做饭。大家吃的都是红薯干和苞谷糁，而且每人每月只能定量供应45斤红薯干，缺油少盐，没有新鲜蔬菜吃，只能吃一些咸萝卜下饭。这对一天要干十三四小时重体力活的人来说，是吃不饱的。于是，不少同志到野外去挖一些野菜，用脸盆煮了吃。时间一长，不少人得了浮肿病。湖北省省长兼丹江口工程总指挥长张体学同志看到这种情形，心里非常焦急，下令从荆州调来一批黄豆，磨成粉末给有浮肿病的同志吃，给他们增加营养，大家的病情才略有好转。

大家每天要干长时间的辛苦工作，吃着红薯干和苞谷糁，却依然保持乐观，弘扬乐观主义精神。很多同志风趣地将红薯干称为"猪肝饭"，把苞谷糁叫作"鸡蛋饭"，就是希望战胜当时的困难，变水害为水利，迅速改变丹江口当时贫穷落后的面貌，给子孙后代造福。为了改善生活条件，不少同志从农村带来白菜、黄瓜、冬瓜等蔬菜种子，在工地、工棚周围的旮旮旯旯种菜。

一师三团的同志在右岸的山坡上，先挖出一个个80厘米见方的坑，头一年灌入肥料，再填入松土，第二年在那儿种冬瓜。没想到第一次在这里种冬瓜就获得了丰收，人们高兴地把长得最大的冬瓜抬到工程总指挥部去展览。这在当时产生了强烈的反响，人们更加坚定了这样的信念：自己动手，丰衣足食，世上没有战胜不了的困难，没有攻克不了的难关！就这样，业余时间里垦荒种菜的风气蔚然形成，蔬菜基本上实现了自给自足。有了蔬菜，各个职工食堂开始养几头猪，逢年过节可以稍微改善生活，同志们真的吃上猪肝饭和鸡蛋饭了。

据运输队的老同志回忆，当时的运输条件很差，开始工地只有几辆国产解放牌汽车和几十辆进口的柴油车，洋东西不适应"土法"上马。工地没一条好路，车子天天在泥里滚，由于泥土很深，进口汽车用了没几天，后半轴就扭断了，断了就堆焊，焊了再用，车子出勤率很低。为了赶运材料，长途车司机把米灌在热水瓶里煮，被子放在车上，日夜车不停、人不歇，两天一个来回，人疲劳了就在车上躺一会儿，肚子饿了，把热水瓶里煮的稀饭倒出来喝一点，休息一下再走。

过去武汉到丹江口是单线土路，一小时跑50千米都算是快的，平常行车三四天一个来回，运输队两天一个来回。尽管如此，工地的材料还是供应不上，只好沿途设点，分头运输。汉口到沙洋，到襄樊（现襄阳），到仙人渡，再用汽车转运的办法。

1960年初，随着丹江口水利枢纽工程的加速建设，大批物资和各种机械经常不能顺利运到工地。因此，中央和湖北省委决定修建汉丹铁路，由丹江口修到武昌，全长 400 余千米。

怎么建？老办法——打人民战争，沿路分段包干，由沿途各个公社、大队包建，丹江口至付家寨段由指挥部分到各民工师团及机械师各个企业。红旗电厂就分配到现在火车站到张家营的山脚下近 500 米的路段上，主要任务是堆路基，就是把沿路两边麦田里的黑土及山坡上的黄土运过来，堆成 10 米高的路基，另外就是把张家营旁的土山打通，把整个路基夯平，以便铺轨。

接受任务后，大家干劲很足，你追我赶。每天早上 7 点按时到达现场，一直干到下午 5 点，中午就在工地吃饭。

起初，工程进展比较顺利，劳动量不大，也就是把田里的土担到 50 ～ 100 米距离的路基上。一个星期后，路基达 5 米以上，困难也就来了。一是取土要向深处挖去，二是要把土挑到 5 米以上。这些都不容易，尤其碰到雨天就更不用说了。首先是取土坑里积了水，挖起来很辛苦，挑起来也困难，一半土一半泥，向上挑时，搞不好轻则滑倒，重则连人带担子一起滚下。但同志们全然不顾，为了早日完成铺路任务，这点困难又有何惧？

随着路基的逐步增高，接下来的任务就是要挖去山坡的一角了。这一项工程开始也算顺利，但挖山遇到岩石和风化石时就困难了，需要放炮以便挖掘。挖山要安全也要赶进度，所以必须精确分工，和放炮时间密切配合，否则就可能出事。因此，选在中午吃饭时，并且当其他同志在距现场 300 米左右的河滩安顿好后再放炮，既保证了安全，又保证了进度。

这个问题解决了，新的矛盾又出现了。那就是如何把土从山坡上运下来，再送到路基上去。开始大家挑上挑下，很是累人。为了减轻负担，大家利用杠杆原理，在山坡上安装了起重滑车。看着上上下下的竹筐不停地转换，施工效率提高了，工程进度加快了，工人们高兴，指挥部的领导也高兴。大家就是这样发挥了人的力量，调动了人的干劲、人的智慧，克服了种种困难，最后保质保量地提前完成了筑路任务。

（二）群策群力，群众的智慧是无穷的

广大群众在建设中发挥苦干加巧干的精神，施工进度大大加快。机械师一团拌和连修理排试制成功一台"手动压力机"，提高工效 36 倍。能工巧匠们还发明了滑车、滑板、空中滑丝、木制运输机等，这些"土发明"不仅大大提高了工效，而且保障了大家的安全，并减少了损失。

木工排冒雨与大水搏斗

在热火朝天的施工中，不断涌现出一批批颇受称赞的生产标兵、劳动模范和革新能手，被誉为工地上的"鲁班"———一师一团二营木工班青年木工江哲明，就是其中的一个。

江哲明是荆州地区的一个青年农民，1958 年 8 月下旬，他随荆州地区参加丹江口工程建设的民工一起来到建设工地，被编在工地右翼兵团一师一团二营木工班。他因木工活做得漂亮，被选为木工班的班长。修筑右岸围堰的施工开始后，江哲明看到民工们站在木船上，用手把石头一块一块地抱起来，再抛入围堰脚下的水中，不仅工效低，而且劳动强度也很大，

不少民工的双手被石头块子磨破，流着血。为了不让石块磨破手，大家想出了一个笨拙的办法，就是用块布包住手，继续干。他想，如果能做出自动抛石木船的话，既可减轻民工抛石块的劳动强度，又可避免石块磨破民工们的双手。他认为自己身为木工班的班长，解决这个难题是自己应尽的职责。

他在农村时，做过不少筛分粮食的风车，按照这个办法，把木船的盖板改做成两扇可以向船两边上下翻动的滑板，堆在滑板上的石头就可顺着向下翻动滑板，自动滚入水中。依照这个设想，木工班试制出了一条自动抛石木船。

1958 年 11 月 14 日，自动抛石木船下水。总指挥长张体学和总部的一些领导也前来查看。当满载石块的自动抛石木船划到江心时，总指挥长对着喇叭筒大声喊道："现在我宣布，抛石开始！"站在自动抛石木船上的江哲明迅速把支撑滑板的木塞子抽掉，只听"哗啦"一声，木船上的石块顺着木船左右两边的滑板"咕咕咚咚"地滚到水中，激起巨大的水花！自动抛石木船下水演练获得成功！

自动抛石木船在围堰施工中发挥了重要的作用，被评为工地上首项技术革新的成果。在《丹江口报》，这项技术革新成果被头版刊登，这在全工地引起轰动，江哲明也被大家誉为"小发明家"。

没过多长时间，大家通过自动抛石木船在围堰施工时多次进行自动抛石，发现自动抛石木船是从木船的两边抛石下水的，在木船的底下会形成一个夹心的间隙，倒入水中的沙土不容易进到这个夹心的间隙中，自然而然地在围堰下面也会形成一个空洞，时间久了，空洞会把围堰的基础掏空，会对围堰施工造成不良的影响。

这一问题发现后，江哲明深感这是一个必须要尽快解决的大难题，考虑把自动抛石木船由两边抛石改为单边抛石。经过反复研究多次，他制作出了单面自动抛石木船的模型。原双面自动抛石木船，自重 20 吨，只能一次装载块石 10 吨，而改进后的单面自动抛石木船，加上不抛石一面的压重装置，共重 25 吨，可一次装载块石 20 多吨，大大提高了施工效率。

江哲明虽然获得了多次的奖励，但他不骄傲自满，继续潜心钻研技术革新项目，又全身心地投入研制自动运土、运石和卸土、卸石车之中，以此改变了在陆地上运土、运石和卸土、卸石全靠人肩挑、箩筐抬的现状。这种自动卸土、卸石车，是把一根钢筋铺在地上做单行轨道，然后在一木制方形车斗下面装一个木制滑轮，卡在单行轨道上。车斗后面安装上一个把手，人扶着把手沿轨道向前推，方形车斗便顺着轨道滑动前进。到了卸土、卸石点，就打开车斗两旁的车门，土和石便自动卸在地上，可大大提高劳动效率，解放 10 万建设大军的双肩。

（三）"粮草为重"，因地制宜保供应

为解决 10 万大军物资供应，1958 年，在丹江口工程开工时，指挥部成立了自己一套完整的后勤队伍，商业部门就是这个队伍中的主要力量之一。

在 9 月 1 日丹江口工程正式开工时，丹江口左右两岸仅各有一个小商店，根本不能适应大局。为了保障供应，丹江口水利枢纽工程指挥部决定成立一套工程上自己的后勤机构，其中就包括工地商业局。1958 年 12 月 28 日，由后勤司令部在汤家庄后地质队大礼堂召开了全后勤系统的职工大会，宣布了工地商业局正式成立。

商业机构已成立，但基础条件实在太差，工地所在地的沙陀营是一个两省（河南、湖北）、四县（淅川、光化、谷城、均县）交界的三角地带，右岸的一个小集镇地名叫"三宜殿"，"三宜殿"实在是三不管。新中国成立前只有沙陀营、汤家庄、张家营等几个小村落，但无一人经商。新中国成立后地质部的一个钻探队来到这里，光化县（那时沙陀营划归光化县）才在左岸的汤家庄设了一个几人的小商店。1958 年 8 月大坝开工前夕，均

县（这时沙陀营又划归均县）在右岸设立了一个小商店，两个商店加起来也只有 20 多人。原光化县在左岸的商店房屋是借工程上的几间旧房子设立的，原均县在右岸设立商店时是租用当地一家姓张的民房设立的，三间草房作门市部和小仓库，在一间磨坊角落里用砖砌了一个灶作为厨房，在猪圈上面盖了一块大油布，下面打上木柱，围上包装箱板子作为宿舍。办公、吃饭也在里边，同志们风趣地称之为"三用堂"。

工地商业局成立后，同志们不用说住房，就连个办公的地方也没有，只好在汤家庄租了工程指挥部三间油毛毡房，既办公又住宿。一遇下雨天，上边漏水，下边流水，室内走路还要挖上石头，否则便要消水。有次夜晚下雨，床边放的胶鞋漂了起来。条件虽然艰苦，但同志们总算有了一个落脚点，工地商业局的牌子有个地方挂了。

开工后的 10 万大军，除了每人自带一床被子外，其他什么也没有，吃的、用的全靠当地供应。那时各门市部每天一开门营业，民工便一拥而上。商业局人员太少，无人换班，从早到晚，一班顶到底，连吃饭的时间也没有，即便是冬天，营业员也忙得满头是汗。这支商业队伍，担负起建设丹江口大军的生产和生活资料的供应工作。

丹江口大坝最初的建设分"土法"上马，"土""洋"并举，分小施工、大准备三个阶段进行。特别在 1958—1959 年的第一阶段，土材料供应任务非常艰巨且繁重。

这个阶段工程的主要任务是修筑土石围堰，开挖右岸基坑。就是在 600 米宽的江面上筑成一条长 1320 米的低水围堰，在围堰的保护下开始基坑的开挖。这个艰巨的任务全靠人工，真正是千军万马战基坑。"以土赶水"的施工需要大批的生产工具和材料。仅 10 万人每人一件的生产工具，一开始就需要 10 万套，加上每天用坏的，特别是土筐、篓子、扁担、绳子、草包、工具把，每天得添置很多。土材料还需要巴茅、黄荆条、龙须草、木炭等。这些东西缺一不可，供应慢点就会影响施工进度。当时施工的口号是"一切为了大坝，确保大坝元帅升帐"。上述所需生产资料和土材料仅靠当地是远远不够的。工地商业局为此组织了专班，分工负责组织货源。除靠原襄阳地区的谷城、光化、郧县、郧西、竹山、竹溪、房县外，还有专门班子到陕西安康。工地商业局副局长吕德配当时分工负责两郧（郧县、郧西）的货源组织工作。吕德配和土产商店的业务股长张文华，带上夏克专员的亲笔信，先到郧县把事情办好后，又在郧县工地商业局借了两部自行车到郧西县。由于两郧公路是在前一天通车，路很不好走，加上坡度大，盘山公路多，骑一段就会把人累得汗流浃背。遇到盘山的"之"字路时，就干脆扛上自行车取捷径直上。就这样骑一段，推一段，扛一段，直到夜晚才赶到，累得他们疼痛难忍，腿都难以站立。夏克专员经常向有关县打电话，催任务，要进度。有的县甚至在运货单据上写着夏克专员收，可见重视的程度。由于督办得力和各地同心协力，每天到货量很大，有时一天就到几十万斤、上百万斤的土材料，木料一次都是几十个排（每个排10立方米），草包一到就是几万条、十几万条。那时右岸未淹没的黄土岭，是堆土材料的场地，说堆积如山一点也不夸张。出差的同志很辛苦，在家的同志也很劳累，每天不分男女老少，不分白天夜晚，不分天晴下雨，货物到后要验收，民工师提料要发货，真是晴天一身灰和汗，雨天一身水和泥。尽管如此，工地商业局有时还要参加大坝基坑开挖的义务劳动。遇到实在忙不过来的情况时，货物到后无力验收，就照运单数字收，上面写多少就签收多少，发货也就按运单数直接拨给用料的单位。但一直也未出现过大的问题。

为了确保大坝物资的供应，除保证土材料之外，还要确保劳保用品和照明器材（因当时电力不够，有时还停电，加上基坑开挖要放炮不使用电）的供应，如施工人员穿的深筒胶鞋，照明用的马灯、煤油、电池等，这些东西现在看来不是非常重要，但在当时没有这些可能直接影响施工。就为这些东西以及民工防寒穿的棉衣、棉毛衫裤，当时张体学省长亲自给省机关的秘书又是打电话，又是写信，要他通知省商业厅有关供货单位组织货源，保证对丹江口工地的供应。有时为了抢时间赶进度，还会动用飞机抢运（那时老河口到武昌通航班）物资。

工地商业局除了经营生产资料外，还承担生活用品，如建设大坝的 10 万大军的粮、油的供应任务。在解决蔬菜副食品供应问题上，任务也很艰巨。仅蔬菜一项，每天就需 10 万斤左右。当时当地的情况是，工地的平地水田全部作为大坝施工的场地和配套的房屋、建库用地，能耕种的仅剩下左右两岸为数不多的黄土坡地。土地贫瘠，遇旱无收，加上"以粮为纲"的农业生产方针，生产队还不敢大种蔬菜，只能种一点菜，产量也很低。工地的蔬菜来源主要是光化、谷城，但远水不解近渴，每天总共上市量也不过万斤左右，这对 10 万大军来说，真是杯水车薪。民工意见很大，吃饭无菜，只能以盐水调剂口味，不仅影响了身体，也影响了施工进度。

鉴于上述情况，工程指挥部党委在"建设纲要二十条"中提出了生产、生活"两条腿走路"的方针，并在第十五条中明确提出：做好职工福利工作，各个伙食单位利用工余时间种菜、养猪、捞鱼，力求将来做到蔬菜自给、肉食自给。商业局根据工程指挥部纲要的精神，在解决副食品问题上采取了种植、采购、加工、养殖、开采 5 条措施。

1. 种植

工程指挥部党委下了决心，在后勤司令部成立了副食品生产办公室。1960 年 9 月，把丹江口公社（现在的茅腊坪村，当时有 400 多户，1000 多人，300 亩土地）全部改建为农场。此外，除农场以外的凡属丹江口公社辖区生产队的土地也均以种蔬菜为主，经营方针也由原来的"以粮为纲"，改成了"以菜为纲"。这样就把当地的土地基本变成了大坝工程的蔬菜基地。

2. 采购

就是抽调人员，组织专班，外出采购。俗话说："百里不贩青。"可是工地商业局来了个"千里进蔬菜"。当时购进的有河北省的大白菜，山东省的大葱，河南省的萝卜，四川省的大头菜和榨菜。特别是从湖北省周边的河南、湖南、江西、陕西等省，都购过各种蔬菜和酱菜。

3. 加工

为了弥补青菜的不足，经过申请批准，每年用粮食部门拨的几十万斤豆类加工粉条。除在当地的公社、大队建立粉条加工厂外，在光化、谷城、襄阳等县也建立了固定的加工厂，并开展了以豆子换粉条的业务。这样每年可得到粉条几十万斤。

4. 养殖

在解决副食品、蔬菜的基础上，同时做好肉食供应。当时肉食供应均凭计划，每人每月1斤，各大节日另加0.5～1斤。虽有指标，但不一定有货源。大家意见很大。为此，工程指挥部广泛发动各伙食单位饲养生猪。为了促进各单位多养猪，养好猪，工地商业局在1960年3月筹建了一个饲料加工厂，把粮食部门加工大米、面粉后的谷糠和麸皮，全部收购过来，经过粉碎加工成饲料，供应给各养猪单位。

5. 开采

这一措施主要解决10万大军饮食的燃料问题。当时不仅吃的、用的物资紧张，在"烧"的问题上更为严重。当地既无煤，又无气，大军食堂主要靠烧柴。于是各个伙食单位抽调民工四处砍柴，由近及远。杂柴砍完了，见树就放，见疙瘩就挖。丹江口周围几十里内砍成一片秃山，群众称为"三光"（杂柴砍光、树木放光、疙瘩挖光）。尽管附近社队大力支持，但没有柴源了，"烧"的问题越来越严重。为此工地商业局采取了两种措施：一是组织专门的砍柴队伍。1960年上半年，从工程上精简下来的民工中要了100多人，成立了一个服务大队（实为砍柴大队）。带上油布帐篷和炊具，开往均县盐池河公社大转弯，专门砍柴。工程指挥部无偿支援的20多台汽车专门用于拉柴。二是开采当地的石煤。凉水河附近的肖河，光化县的赵岗,群众都用石煤烧过石灰,商业局从这两处运回石煤试烧。结果,赵岗石煤勉强可烧。我们就在工程局大礼堂门口垒起了大灶,支起了大锅,各单位后勤人员参加试烧现场会。大家看后认为虽然石煤的燃烧效率太差,但别无他法,只好凑合着用。为此,商业局又增设了个煤建商店,并请工程指挥部从丹江口往赵岗修了条简易公路,开发赵岗的石煤。这种煤不能烧化,因而那时各个伙食单位的伙房周围都积累了大堆大堆烧过的煤块,这给后来建房垫路还起了不小的作用。

在那段岁月里,国家经济困难,物质基础薄弱,各种商品供应均很紧张,主要商品都是实行计划供应。我们除了按上级的计划供应外,还对一些小商品进行了分配制。如火柴、肥皂、食糖等,均根据进货数量大小印成票证,把票分配给各单位,再由各单位把票分到群众手中,由群众持票到门市部购买。货物不足,有人拿到票还怕买不到货。这样,便出现了门市部一开门大家就一哄而上的混乱局面,有时把柜员都挤跑了。那时的商品是愁购不愁销。我们为此从多方面组织货源,除加强武汉和襄阳的采购力量外,还在当地组织了些加工厂负责加工一些衣服、鞋帽和其他小商品。现在东方红服装厂的前身,就是工地商业局从武汉请来的缝纫师打下的基础。原均县城关镇中学(俗称"镇中")由原均县城搬到丹江口后,工地商业局就利用他们搞勤工俭学,引导组织学生为我们加工布鞋、肥皂、门锁、小铝制品等小商品。这些产品虽在样式、工艺、质量上都不算好,但在当时都是供不应求的紧俏商品。

工地商业局在为建设大坝服务的同时,又积极合理地积累了资金,搞好工地商业局本身的基本建设。经张体学省长批准,工地商业局实现的利润前三年不上交,自收自支,加上以后几年扣除上交后的利润,共积累资金 500 多万元。为了把资金使用好,工地商业局又成立了个基建办公室,专搞自身建设。这些建设全面规划,统筹考虑,先后在张家营(现十堰市商业学校)建设了 5 栋大仓库(俗称"联合仓库"),在工地的中心街上建了一栋4层百货大楼（现丹江口商场），现在丹管局澡堂所在房屋是那时建的，丹江口饭店楼房地脚也是当时打下的，商业局机关也盖了1栋2层的办公楼房，还建了2栋平房用于住宿。现在丹江口市商业局所属各公司的营业和办公地点基本上都是那时遗留或打下的基础。

丹江口工地商业局从1958年11月成立，整整为建设丹江口大坝服务了11年，直到1969年11月撤销，划归均县商业局（现丹江口市商业局），确实是白手起家，在艰难中生存，在艰难中发展，在好转中撤并。

（四）工地上来了"白衣天使"

汉江医院是1958年伴随着丹江口水利枢纽工程的兴建而成立的国有公立医院，为工地建设者们的健康保驾护航。"五人小组下丹江，两把镊子一药箱，土瓦罐子来消毒，病人睡的木板床。"这首汉江医院职工们耳熟能详的顺口溜，向我们述说着一段令人难以忘怀的往事。

1958年8月7日，素有"火炉"之称的武汉酷热难当。来自湖北医院（现湖北省中医院）、省珞珈山干部疗养院等医疗单位的28位同志，参加了在武昌召开的丹江口工地医院筹备会议。当时，全国瞩目的汉江丹江口水利工程开工在即，与会人员只能与家人匆匆话别，便打起包裹，奔向不为人知的偏僻山区。

8月9日，医生汪水利，医师荣德诚，药剂师田兆和护士邓兆秀、向永恒5位同志抵达丹江口。8月11日，院长苏其民率7位专家风尘仆仆来到工地。交通闭塞、洪涝频繁，使得丹江口两岸杂草丛生、道路泥泞、人烟稀少。先期抵达的数千名施工队员，只能住在临时搭建的帐篷或油毛毡房里，饮食和卫生条件极差，毒蛇咬伤等外伤和痢疾等疾病时有发生。见此情景，苏院长和其他同志来不及安顿住宿，放下包裹，便立刻投入疾病防治工作当中。由于交通不便，行色匆忙，他们只随身携带了一个急救药箱、一个开水瓶和少量药品。然而病情就是命令，他们一边向大家宣传卫生常识，如注意个人卫生，不饮用未煮沸的生水，不共用毛巾等，一边分成几个医疗小组，翻山越岭，开始了巡回医疗。

9月1日，隆重的开工典礼之后，丹江口两岸顿时呈现出一派沸腾的施工景象，忽冷忽热的天气，丝毫没有影响工人们饱满的热情，他们忘我地工作着，用铁锹、扁担和竹筐向荒山野岭和咆哮的江水宣战。这种热火朝天的劳动场景深深地震撼着在场的每一位医务人员。同时，他们也为工地饮食设施的落后而感到担忧。由于没有饮水设施，口渴的工人们只能跑到附近的堰塘或田沟里喝几口水，肠道疾病和传染病病例越来越多，每当医疗小组上工地，便有一些工人对他们说："医生，我也有病呀，只要您给我一杯水……"医生们一面竭尽全力，用仅有的一些西药和自己熬制的中药汤剂展开治疗，一面紧急呼吁，要求改善饮水条件。很快，在有关部门的密切配合下，各工地和宿舍区都增设了茶疗站，彻底解决了施工队伍的饮水问题。同时，各医疗小组组织大家开展除"四害"和打扫环境卫生活动，有效地降低了患病率。

10月，工地上的医务人员有48人，药品很少，医疗器械更是匮乏。但工地上的施工队伍已增至2万余人，有的人因长途跋涉，身体疲劳，患上了各种疾病，伤寒、脑膜炎、痢疾等患者不断增加，光靠门诊、巡回医疗和医疗站诊疗已不能满足需要。医务人员一面夜以继日地开展治疗工作，一面自己动手，准备一些必需的医疗用品，除上山采集中草药以外，还自己搓棉签，用合霉素的瓶子贴上胶布带作量杯，普通的剪刀经消毒以后作为切排时使用的"小洋刀"，特别独特的是用煨汤的沙罐子代替煮沸消毒锅，以至于那些好奇的民工把它"偷去"煨汤喝，后来只好在盖子上面写上"消毒"二字。

10月10日，灌浆队一名事务长因患急性阑尾炎被送到医院门诊（当时尚无病房）。面对痛苦万状的患者，医务人员没有丝毫的犹豫，毅然决定进行丹江口工地上的第1例腹部手术，没有手术床，就用木板床代替，没有无影灯，就用手电筒代替，外科医生穿戴上从丹江口医务所借来的手术衣和手套，借助简陋的手术器械，便开始了患者的腹部开创和阑尾切除术。这个牵动着无数工人和全体医务人员心弦的手术进行了一个小时，终于顺利完成。工地医院的全体人员救死扶伤、无私奉献的高尚医德赢得了工地职工的尊敬和信赖。

此后，随着汉江丹江口水利枢纽工程的全面展开，丹江口工地的医疗状况也有了根本的改观，从湖北乃至全国各地抽调的医疗骨干及应届大中专毕业生源源不断地赶赴工地，省珞珈山干部疗养院的人员设施全部搬迁至丹江口，医疗药品、器械也有了很大的改善。据统计，1959 年以后，丹江口工地职工医院一度发展成为拥有职工近千人，病床 500 张，年平均门诊量 50 万人次，住院病人逾万人次的大型综合性医院，并为黄龙滩、葛洲坝水利工程输送了大批富有水利工地医疗经验的医护人员，为我国水利建设事业的发展作出了独特的贡献。

治水精神

第三章

艰苦创业是丹江口人的实践观

所谓艰苦创业，是指人们在改造客观世界的过程中为实现其远大理想和奋斗目标所表现出来的精神状态，它不仅包含生活上的艰苦朴素、倡俭崇实的风尚，更包含事业上的不畏艰难、顽强奋发的进取精神。就其本质意义讲，是迎难而上、坚韧不拔、克勤克俭、顽强拼搏、不怕牺牲、不达目的誓不罢休的一种精神，一种作风，一种实践活动。艰苦创业是不畏辛苦、不怕牺牲地去创业的奋斗精神和行为，是劳动人民的优秀品行。

艰苦创业作为一种传统美德，早在我们民族的史前时代就形成了，它是我们民族的先民们在原始社会辛勤劳动、艰苦奋斗精神的生动体现。在远古洪荒时代，就留下了许多有关艰苦创业的宝贵的文化遗产。炎帝神农氏尝百草，制作耒、耜等农具，他自己历尽磨难，才使华夏民族得衣食之便，炎黄子孙得以生息繁衍。大禹治水，三过家门而不入，变水害为水惠，使神州大地跨越洪荒年代，九州生民得以安居乐业，其艰苦创业的事迹和精神，惊天地、泣鬼神，万古传颂。中华民族的祖先在漫长的原始社会里，与自然界作艰苦卓绝的斗争，长期的社会实践造就了人民这种不畏艰辛、努力实干的创业精神，表现出了为民族和文明的形成发展而创业的美德。这种最直接、最质朴而且具有原始性的艰苦创业精神，曾经是我们民族走向文明时代的精神力量，也是我们民族进入文明时代之后所形成的一切传统美德的核心和起点。这种艰苦创业的实践活动磨炼了中华民族的坚强性格和不屈不挠的精神。正是有了这样的美德，我们的先人才创造出了光辉灿烂、古老而时新的中华文明，中国才能成为世界上最早的文明发源地之一。

艰苦创业精神是中华民族自强不息的民族魂，是十分珍贵的传世之宝。中华民族以刻苦耐劳著称于世，可以毫不夸张地说，一部中华民族五千多年的文明发展史，就是一部艰苦奋斗的创业史。艰苦创业也是丹江口人的立身之本、传家之宝。自开发建设丹江口水库以来，艰苦创业精神一直都是丹江口人创业实践的精神主题，它集中体现了历代丹江口人面对困难时所呈现的一种人生态度。

"兵来将挡，水来土掩。"千古俗谚，人尽皆知。然而，知易行难，平地起坝，谈何容易？丹江口水利枢纽所在之处更是长江最大的支流——汉江。这条哺育两岸，而又喜怒无常的江河，至新中国成立前夕，已到了"三年两溃""十年九灾"的严重地步。筑土起坝、监测记录、创新发展……一个个故事，记录着丹江口人艰苦创业的不屈之途。

一、水库围堰：铁壁铜墙，起于累土

丹江口水利枢纽，炎黄子孙的自豪。数十年前，在那个激情燃烧的岁月，在那个没有硝烟的战场，10万大军凭借"为有牺牲多壮志，敢教日月换新天"的豪情，在汉江上建起了新中国第一个自主设计、自主施工的大型水利工程。

（一）衣食住行：朴素艰苦不改豪情壮志

初建时的丹江口坝址，处处是荒山，遍地是荆棘，又赶上三年困难时期，10万建设大军住油毡草棚，吃腌菜杂粮，生活条件差、劳动强度高，但没人有怨言，有的只是造福汉江人民的豪情壮志。弹丸之地丹江口，沿岸是荒山，岸边是杂草丛生的羊皮滩，荒无人烟。在这个仅1平方千米左右的峡谷地带，一下子住着10万人，别说吃喝难，就连睡觉都很难。当时人们编了首顺口溜："来到羊皮滩，两岸是荒山，喝着泥巴水，头顶油毛毡。"当时，为了解决民工遮雨、防寒的难题，工程总指挥部给每位民工发了三尺油布。雨天，头顶油布遮雨；夜间，身裹油布挡风。

由于民工数量多，粮食供应一时跟不上，大家只好靠吃红薯干、蚕豆等过日子。一天，时任总指挥的湖北省省长张体学路过工地铁路铺设连，见大伙干劲十足，便问连长："大伙干劲这么足，食堂伙食咋样啊？"连长忙说："生活好得很，大伙天天吃'蛋炒饭''腰花汤'。"张体学听了好生奇怪：工地上没养鸡，也没有鸡蛋卖，哪会天天吃蛋炒饭？同时，工地上没猪杀，也没有肉卖，哪会有腰花汤？张体学装作信以为真的样子，说："那好，让我到你们食堂里去瞧瞧。"连长见状，忙解释说："大伙说苞谷糁饭黄白两色，就像是蛋炒饭。煮过的红薯干，颜色像猪腰花，所以叫腰花汤。""啊？原来是这样。"听了连长的解释，张体学知道了"蛋炒饭""腰花汤"的含义。他面带愧色地对连长说："民以食为天。俗话说，人是铁，饭是钢，一顿不吃心发慌。工地粮食一时供应不上，是我考虑不周，让大家吃苦了。"

为了修建水库围堰，10万大军使用铁锹、扁担和箩筐，挖土挑石，不分昼夜，苦战50余天，一条600米宽围堰"横空出世"。在那个"一穷二白"的年代，用人海战术和原始工具填筑起如此庞大的围堰，是老一辈丹江口人最值得骄傲，也是最令人敬佩的地方。

羊山——在丹江口市中心的北部，离松涛山庄不是太远。它不算太高，100多米，其周边是连绵群山，最高峰也不过数百米。1958年，丹江口工程开工时，羊山是大坝工程的采石场之一，原民工七师的一个团就住在这里。不过，大坝建成后，这里就逐渐荒废了，只有一条铁路还直通大坝。

除了生产紧张时工人全部需加班加点外，工人们有时还要参加支农（插稻、除草、收麦、种豆子、挖红薯、挖花生等）和厂内的各项义务劳动，如年年的绿化栽树及电厂一号楼挖下水道、二号楼挖地基，清理排水沟，挖大礼堂基础，盖宿舍等。

1972年8—9月，天气较热，那时电厂厂部的办公区仍在原丹江口工程局幼儿园旁的一排平房内，人员拥挤，对前方生产管理非常不利。随着工程管理的正常化，局里下达了盖电厂办公楼的命令。但这里地基极差，除了一段小土丘外，大部分是水坑和垃圾堆。要盖成一个好的大楼，没有好的地基是不行的。怎么办？电厂党委决定，自己找石料，自己干。当时厂内各分场都组织了突击队，许多工人是转业军人。他们能吃苦，干劲足。有时，他们每天早上7点钟准时在原局办公楼前的煤场处集合，再坐上工程用的专用火车，经过大坝一路、跃进门，转去羊山的火车，约20分钟到达现场。那时的采石场除了一些空架子什么都没有了，但离铁路约300米的山尖上，有着大量当年采石时被炮炸开的石头块，小的几十斤，大的几百斤，从山顶到山脚下100米形成斜坡状，至少有几万立方米。他们的任务就是将山上的石头安全地运到一两百米之外的平板火车上。开始工人们没有经验，面对这么多、这么重、这么大的大石头，无从下手，不知怎么搞，因此只能捡些几十斤上百斤的小石头，对大石头奈何不了。可有时又不得不将大的石头移开，才能捡到小石块。那时候还有定额，各分场包平板车，光捡小石块怎么行，最终在重工师傅的帮忙下，大家利用物理学的杠杆原理，解决了搬运大石块的困难。

（二）科技成就：在"土法"上马的摸索中突破

1968年10月1日，是国庆节，也是工程建设过程中一个重要的时间节点。在这激动人心的一天，丹江口水力发电厂（简称"丹江电厂"）首台机组发电典礼在电厂安装厂房前隆重举行。仪式上，毛主席像高高挂起，151个单位的627名代表从四面八方涌入工地，历经千辛万苦，为之不懈奋斗的梦想就要变为现实，工程建设者们欢呼雀跃，热泪盈眶。

伴随着首台机组的隆隆轰鸣声，源源不断的电能被送往了千家万户，极大地缓解了当时华中地区用电短缺的状态，满足了华中电网调峰、调频及事故备用需要，为华中地区的工农业生产和经济发展作出了巨大贡献。汉江集团原副总经理毛文典回忆说："1977年参加全省电力工作会议时，时任湖北省电力局局长的赵墨轩由衷称赞，要特别感谢丹江口，丹江口机组一开，全省大放光明。"

电厂1、2号机组是由苏联设计制造的，1961年在三门峡电厂安装后，由于三门峡水库泥沙太大，一直不能使用。1966年12月，水利电力部决定将其调给丹江口水电站使用。1、2号机组的零件被一点点拆下来，陆续通过铁路运往丹江口。1967 年 4 月 29 日，1 号机组开始由工程局安装四处负责安装。

1968 年 2 月，发电机定位

1966 年，从电校毕业的刘兆启来到工程局电站筹备处。为了让他尽快熟悉设备，电站筹备处将他分到安装四处配管班，学习水下管道埋设。埋设好管道后，安装四处就可以开始安装机组了。

由于丹江口水利枢纽采用"土法"上马，机械设备、电机设备都比较少，需要花费大量的人力物力。刘兆启记得，水压钢管要从坝上埋下来后，才可以开始浇坝。但是卷好后的钢管十分厚重，安装四处就将它们一段段埋设好，然后再焊接起来，每一次操作都是一场"战斗"。

为确保首台机组发电后平稳运行，电站筹备处先后组织运行人员和检修人员到新安江、湖南柘溪、白莲河等水电站学习。为首台机组发电积累经验，刘兆启被派到柘溪水电站学习了半年多。

1968 年夏，刘兆启回到电站筹备处，首台机组也已经临近投产发电了。电站筹备处开始组织全处人员学习图纸及设备说明书等资料，同时准备各项生产工作。回忆起发电前的日子，刘兆启说："每一天，大家都在充实的学习准备中度过；每个人，都在为了运行工作摩拳擦掌。"

1968 年 10 月 1 日，在历时 1 年零 18 天的安装后，大家翘首期盼的日子终于到来。经过试运行后，"老大哥" 1 号机组开始并网发电。

第一台机组开始发电后，刘兆启成为丹江电厂的第一批运行人。那时的发电分场叫作运行连。丹江电厂发电分场原主任荆裕国也是运行连里的一员。

1967 年，20 岁的荆裕国从东北丰满电校毕业后被分到了丹江电厂。跟着安装四处在现场熟悉设备后，他也随着大部队去新安江水电站学习，为之后的运行工作"练手"。从 1968 年回到电厂，一直到 2007 年退休，荆裕国也从运行岗位上的"毛头小子"变成了"老人"。

尊师爱徒，包教包学

那时，运行连有 80 多人，每天上班 8 小时，4 班 3 倒。那时，机组基本靠人操作，一上班每个班都要检查机组 3 遍。一开始没有值班休息室，4 个值班的运行人员都住在一个大院里，晚上要上夜班，白天想睡觉也休息不好。碰到夏天，更是闷热难耐。荆裕国说道："虽然条件艰苦，但那时候大家都很单纯，一心只想着发好电。"

首台机组运行后，虽然大家都是新手，但每个人都有一股拼劲儿，天天围着设备转，为的是不断提高自己的工作能力。荆裕国为了更快地熟悉机组，自己画下机组的结构，记不清的就死记硬背下来，最终做到将机组每一个开关、把手都烂熟于心。

一次，电厂新来的学工将计算好的电量交给荆裕国。那时的发电量还是用算盘计算，很容易出错。已经是班长的荆裕国一看就说："错了，再重算。"学工重新算后发现真的有误，佩服地说："班长就是班长，水平真高。"问及原因，荆裕国只是淡淡一笑："工作细心点，心里就有个大概的数了。"

发现问题，虽有些偶然，但更多的是他平时兢兢业业，不断学习的必然。

首台机组是由安装四处试发电的，机组交丹江电厂时，安装四处人员都对电厂运行抱以怀疑的态度。半年过去后，运行人员的工作就非常熟练了。安装四处的师傅们说道："机组安装你们电厂不如我们，运行发电我们不如电厂。"

"一开始觉得太辛苦，我们没有节假日，好几个春节也赶上了值班。但是一想到千家万户的用电需求能得到满足，还是很自豪的。"荆裕国说道。

1969 年 7 月，架通 220 千伏输电线路二十世纪六七十年代，每家每户屋子里的电器最多就是一盏灯，不超过 60 瓦，一台机组的发电量基本就够整个武汉市的照明了，保证机组平稳运行的重要性不言而喻。想起第一次操作机组开机时，已经 70 多岁的荆裕国还有些激动："我那时就 20 多岁，班长让我开机，就一个小把手，但是紧张呀，手都有些抖。我们那时候认识到，这台机组发电真不容易，要是因为我们在工作中出了事情，设备受到了损害，那真是对不起自己，对不起党，对不起人民。"

放眼望去，首台机组发电后的电厂内，每个机组旁边都专门配备 2 名运行人员 24 小时不间歇地"照顾"着。由于首台机组的水导瓦为黄油润滑合金瓦，运行过程中，需要加入黄油润滑。黄油非常黏稠，要利用气压才能压进机组。这就需要有专门的运行人员一直守在机组旁边，不断加油，十分消耗人力物力。黄油消耗量大、不经济，不利于机组稳定运行，并且润滑后的黄油直接顺着下游排走，对江水也有污染。

1975 年，当时的电厂总工程师黄一申带领技术人员查阅资料，研究苏联机组水导轴承结构，结合电厂的实际条件，最终采用水润滑分块式橡胶瓦技术，成功改造水导轴承，节省润滑油的消耗，解决了污染源，解放了人力。现在的电厂早已结束了机组旁需要专员"照顾"的岁月。

难如山，英雄搬。首台机组发电以来，遇到了很多困难。但首台机组就像是丹江电厂的第一个孩子，几代运行人攻克着成长中的种种困难，精心"呵护"它成长，也为电厂其余 5 台机组的安装运行维护积累了经验。

21 世纪之后，来到电厂厂房前，只见丹江口大坝牢锁汉江，厂房宽敞明亮，并排安装着 6 台大型水轮发电机组。汉江水被驯服地顺着 6 个巨型管道流入机组，水下飞快转动着的水轮机分别带动着厂房上的发电机组。机组持续不断地转动，强大的电流从这里产生，为千家万户送去了光明和希望。

像这样的时间节点，在丹江口工程建设的过程中还有很多。1967 年

11 月，丹江口大坝开始下闸蓄水；1970 年 7 月，大坝全线达到设计高程 162 米；1973 年 9 月，丹江电厂 6 台机组 90 万千瓦装机全部投入发电；1974 年，陶岔渠首建成，丹江口水利枢纽初期工程全面竣工！

1967 年 6 月至 1977 年 7 月，10 年之间，10 万人艰苦卓绝奋战，按引水 500 ~ 1000 立方米每秒的流量建成了由 4.4 千米引水渠和陶岔闸、引丹总干渠等组成的引水工程，完成了南水北调中线工程的渠首，为南水北调铺下了第一块牢固的基石；完成了陶岔下洼 8 千米输水干渠和下洼至彭桥近 2 千米退水渠；完成了刁河灌区总干、南干全部、北干 10 千米及排南、姜湾、汤营、南一、南二、北一等 6 条分干；灌排系统共建成各类建筑物 3000 多座，支斗农渠控制面积近 50 万亩，为整个河南引丹工程开创了第一个灌区。

这是丹江口水利枢纽工程建设者们克服难以想象的重重困难，用他们非凡的智慧、辛勤的汗水和钢铁的意志凝聚成的新中国第一座水利丰碑。丹江口人"能吃苦、能战斗"的作风诞生在这一时期，并影响着一代又一代的丹江口人。

在丹江口，还有许多专家学者专程到来，从自己的专业领域入手，为丹江口建设排忧解难。

1972 年 7 月，丹江口工程迎来了一位尊贵的客人——著名的数学家华罗庚。

1950 年，新中国成立初期，华罗庚排除万难，从美国回到祖国，先后任清华大学教授、中国科学院数学研究所所长、中国数学会理事长等职。他把毕生精力投入到发展祖国的科学事业上。经过实践，他寻找到一条将数学和工农业实践相结合的道路，在工农业生产中普遍应用统筹法和优选法，以提高工作效率，改变管理面貌。于是，他带领学生到工农业实践中去推广优选法和统筹法（二者合称"双法"）。

1972 年 7 月 19 日，华罗庚来到丹江口推广"双法"。

　　此时的丹江口工程，正经历着从施工建设期向运行管理期的转变。丹江口水利枢纽首台机组投产发电，坝体全线达到设计高程 162 米，丹江铝厂 3 个月建成投产，各类工业企业如雨后春笋般相继建设……一条"一业为主、多种经营"的水利企业发展之路正在探索中前行。

　　怀着渴望创业的激情，感动于华罗庚教授的爱国情怀，1000 多名工程局的干部职工、技术人员在工程局大礼堂聆听了一场生动活泼的优选法应用讲座。主席台上，华罗庚教授生动的演讲感染着在场的每位观众。

　　许多老职工清晰地记得："华罗庚教授患有腿疾，不能长时间站立，但他仍然坚持大部分时间站着讲。"为了清楚讲解优选法，华罗庚教授一手拿一张长纸条，一手拿着点燃的香烟头，把纸条对折，烟头在纸上烧了个洞。他说，这好比试验的第一步，接着，又把烧了洞的纸条对折，又烧一个洞，纸条越来越短，离试验的目的——我们要解决的问题也越来越近。通俗易懂的讲解，使在场的工人们明白了一个道理，生产中实验性的问题，应该有步骤，有分析，可以优选，减少盲目性。

　　座无虚席的礼堂内，一次次响起掌声。

　　当时在丹江口工程展览馆工作的蔡昌志，内心十分激动，因为华罗庚教授授课完毕后将前来参观展览馆，而他则负责为华罗庚一行演示大坝模型的操作。

　　他回忆，与华罗庚见面时，华罗庚将拐杖从右手换到了左手，然后热情地伸出右手。蔡昌志忙迎上前去，和华罗庚紧紧地握了下手。华罗庚教授面带笑容地说："有劳了。"蔡昌志忙回应："应该的，这是我的工作。"

　　"华罗庚教授戴着高度近视眼镜。透过镜片，他目光锐利，笑容可掬。"蔡昌志回忆，华罗庚看得很仔细，不时询问旁边的工作人员。全自动化的丹江口大坝模型在蔡昌志的演示下，机组流水发电，大坝闸孔放水，升船机灵活升降，整个过程连贯有序。

　　看着壮观的大坝模型，华罗庚教授满面笑容，微微点头，十分肯定。

华罗庚在展览馆待了一个半小时，然后满意地离去。望着华罗庚一行远行的车队，蔡昌志一时难以平复内心的激动：敬仰的大科学家近在咫尺，自己还亲自给他操作模型，真乃人生一大幸事，让人终生难忘。

曾经在工程建设中当过青年突击队员的吕先早，这回又接受了一个光荣的任务——负责接待华罗庚教授团队，为他们安排食宿。她回忆道："别看华罗庚教授是名人，实际上特别平易近人，在与大家交谈中，了解到丹江口工程的情况后，华罗庚教授十分肯定丹江口工程发挥的效益，工程建设培养的人才，他说，丹江口工程非常了不起。"

华罗庚教授来丹授课，曾经轰动一时，极大地鼓舞了年轻一代为理想奋斗的信念。

在丹期间，华罗庚教授来到丹江铝厂考察。当时，在整流车间担任班长的王永必怎么也没想到，他能为华罗庚教授做讲解。46年过去了，当年的情景至今仍清晰地留存在他的记忆里。"华罗庚教授个子很高，很和蔼，还很严谨细致。在电解车间考察时，车间灰大，我让华老戴个草帽，华老坚持不戴，说无遮挡看得更清楚。"王永必回忆道。从东到西，从西到东，在电解车间厂房里来回半个多小时的考察中，王永必向华罗庚介绍了铝电解生产工艺，并告诉他节能降耗是企业永恒的主题，减阻、降电、稳流、高产是最终的目标。华罗庚慢慢走、细细听，不时地点头。

"华罗庚教授实践出真知、劳动出智慧的真知灼见像一盏明灯时时刻刻引导着我，鞭策着我……"王永必将优选法、统筹法应用在工作中、生活中，收获了人生更大的启迪和成果。他在生产中总结的成果曾经获得过湖北省、水利部科技进步奖。

华罗庚教授短暂的三天考察之行，为丹江口工程厚重的历史又增添了精彩的一笔。

翻开历史的卷轴，打开尘封的记忆，捡拾宝贵的财富，跨越六十五载的丹江口工程将续写崭新的篇章。

（三）砥砺奋进：他们见证了丹江口的成就，丹江口影响了他们的人生

丹江口水利枢纽初期工程的建成，不仅为我国大型水利工程建设提供了极其宝贵的经验，还造就了一支经验丰富、作风过硬的水电施工队伍。10 余年的磨砺，一支以民工和几百名技术工人组成的施工队伍，锻炼成了一股高度现代化、机械化的施工力量。

杨小云，这位有着 41 年党龄的老党员，就是丹江口大坝建设的一名见证者。1963 年，24 岁的杨小云从华东水利学院（现河海大学）毕业，分配到丹江口水利枢纽工地。从此，杨小云与大坝结缘一生。

杨小云刚到丹管局施工技术处时，正值工程停工期间，施工技术处在进行大坝质量问题研究及补强处理工作。1962 年 2 月工程停工前，坝体混凝土共浇筑了约 90 万立方米。坝体混凝土质量事故主要是混凝土架空和冷缝、裂缝等。补强措施为加做防渗板，对裂缝钻孔回填、抽槽回填及水泥灌浆，对坝体混凝土架空部位进行水泥灌浆处理等。此外，施工技术处还进行了架空事故试验坝块水泥灌浆工作。在室内试验之后，选定了 4 个坝块进行试验，经过 1963—1964 年一年时间的试验，确定了施工措施、方案。杨小云参加了现场试验，参与编写了试验报告，指导了1965 年初至 1967 年 9 月的坝体补强施工，经钻孔取芯检查、压水等，坝体补强达到标准要求。

1983 年 10 月 6 日，根据气象水情预报，丹江口水库水位要超过正常高水位 157 米，达到 160.07 米，最大下泄流量为 19600 立方米每秒。为保证大坝安全，杨小云在混凝土坝小组，经常参加巡视检查和抗洪准备工作。通过召开会议，密切注意库水位上涨情况后进行水库调度，160.07 米库水位持续一周未上涨，大坝安然无恙，表孔工作门未漫顶溢流，取得了抗洪的阶段性胜利。

1983 年丹江口水库洪水来袭，丹江口大坝泄洪

1992 年，长江委完成了丹江口大坝加高工程初步设计。1994 年 1 月，南水北调中线工程可行性研究报告通过水利部审查。初步设计后，长江委和长科院进行了试验研究，多次召开会议，决定在丹江口现场进行生产性试验，现场试验从 1994 年 11 月开始，当时杨小云已经退休，她接到此项任务后，主动请缨，担任现场试验项目负责人，在经过 3 次现场试验后，加班加点，及时组织编写施工、质检、监测报告，汇总后编写总报告，长江委结合有关试验分析，对 3 次新老混凝结合现场试验作出了评价——资料可靠，施工工艺等可用于丹江口大坝加高工程。

丹江口大坝自完建运行以来，通过了多次安全鉴定。2002 年，汉江集团委托长江委对大坝进行了第 2 次安全鉴定，杨小云作为鉴定组特邀专家全程参加了此项工作。本次鉴定对大坝安全作了全面分析，鉴定结论为：从总体综合分析，丹江口大坝为二类坝，总体运行性态正常。安全鉴定为大坝加高提供了有利条件，存在的问题在大坝加高施工中逐一得到了解决，消除了隐患，确保了大坝加高的顺利进行。她退休以后始终坚持在建设现场主动担当作为，争做起而行之的行动者、攻坚克难的奋斗者。

2005 年 9 月 26 日，丹江口大坝加高工程开工。大坝加高工程规模和工程量居国内第一，加高规模之大、难度之高，在国内尚属首次。工程地处丹江口市区，施工期间需保证初期工程正常运行。该工程具有施工期度汛标准高、施工难度大、施工环境复杂、安全形势严峻、施工工期紧、技术要求高等特点。针对大坝加高混凝土施工，南水北调中线水源有限责任公司（简称"中线水源公司"）要求设计单位对施工单位进行设计技术交底，要求监理单位督促施工单位按批准的施工措施计划及施工方案进行施工；严格按"三检制"程序进行施工检验，对发现的问题及时予以纠正。杨小云代表业主参加了13坝段加高混凝土第一仓联合检查，所有重要隐蔽或关键部位单元工程，都要由业主、设计、施工、监理4方联合小组进行签字验收，联合评定其质量等级。

2006年1月至2015年12月，杨小云被返聘在中线水源公司工程部工作。10年期间，她参加了大坝加高工程的建设、专项验收、蓄水验收、主体工程单位工程验收和部分专项合同验收以及水库2014年首次蓄水至160.27米的检查观测，亲历了2014年12月12日中线工程通水的时刻。

肖才忠同样是丹江口工程建设的见证者。这位来自湖南常德汉寿县的小伙子，1960年从湖南电力学院分到武汉工作，他所处的单位是长江流域规划办公室，就是今天的长江委。当时他负责丹管局的工作。

刚到工地，适逢困难时期，工作和生活条件都极其艰苦。当时，建我国第一个大型水利枢纽工程，没有挖掘机等大型机械，就靠10万民工人挑肩扛。勘查队就两台钻机，十几个人一间实验室，长期工作的有60～70人。

丹江口水利枢纽及其附属的陶岔渠首引水工程建设之初条件之艰苦，是今天的人们所无法想象的。初到陶岔时，生活上极不习惯，他是南方人，这里吃的是杂粮，还没地方洗澡，要洗澡得到南阳去。好在他本身就是搞野外工作的，有吃苦的思想准备，不久就慢慢适应了。肖才忠老人说："没想到自己工作后干的第一个工程就和南水北调工程密切相关。"

当年，他到丹江口水利枢纽工地，南水北调的口号已经提出。当时的丹江口水利枢纽及其附属的引水渠首、总干渠等工程就叫"引汉济黄"工程。他在调到丹管局前的几年一直在陶岔（位于河南淅川县）设计引水口方案。当年初设时，丹江口水利枢纽的坝顶高程设计为175米，正常蓄水位为170米，和今天的中线水源工程确定的初设方案（丹江口大坝加高至176.6米，正常蓄水位仍为170米）相近。到1964年底改为分期建设恢复施工时，第一期坝顶高程已减至162米，正常蓄水位为155米。1975年，为了增加蓄水量，又把蓄水位提高了2米，变为157米。

建完陶岔引水工程后，肖才忠就调到丹管局从事技术工作，多年来，他和工程技术人员积极参与南水北调前期准备，做了大量的工作。其目的是为国家决策实施南水北调中线工程提供科学依据。特别是自1990年以来，他和同志们加大了工作力度，主要从4个方面做好南水北调前期工作。一是南水北调中线工程的可行性研究及其论证审查；二是丹江口水利枢纽后期加高工程前期准备；三是南水北调结合汉江集团的利益和发展组织专题研究；四是接待及宣传。

在南水北调中线工程可行性研究工作中，他们配合长江委规划设计部门进行了汉江可调水量的专题研究，其成果已纳入可行性研究报告中。受水利部南水北调工程论证委员会及国家计委组成的审查委员会委派，肖才忠同志以审查委员会专家身份参加了论证审查工作，历时3年有余。并在论证及审查会议中，根据丹江口水库多年运行管理成果，阐述了完建丹江口水利枢纽后期工程调水的必要性，他和同志们一起提出了《关于完建丹江口水利枢纽作为中线南水北调启动工程的建议》及《丹江口大坝一次加高，分期移民，逐步提高蓄水位，加大北调水量方案》的加坝调水实施方案。在此期间，与中国国际工程公司合作，专题研究了滚动开发建设丹江口后期工程问题，并参加了《中国南水北调》一书的编写出版工作。

汉江集团作为丹江口水利枢纽的运用和管理单位，将丹江口水库大坝后期加高施工准备作为工作重点，肖才忠和技术部的同志一起先后配合长江委设计部门，进行了枢纽后期的初步设计工作，组织完成了大坝下游地形测量任务，参加了坝区征地移民调查，施工总图布置，"四通一平"规划工作，并承担了丹江口大坝加高初步设计报告中工程管理部分的设计。

南水北调工程几经考察论证，使许多人都感到遥遥无期。可他和技术部的同志们并不因南水北调丹江口大坝加高工程迟迟不开工而放慢工作步伐，他心中始终有个信念从未动摇过，那就是坚持不懈地为南水北调开工做好充分的准备工作。

为了使大坝加高工程能尽早开工，他和技术部的同志配合长江委于1993年底进行了施工占地范围内人口、土地、房屋、工业企业情况调查，对涉及公司内部的移民征地进行了规划，新建了移民用房，提前作出了安排，还完成了大坝加高部分前期工作和初期工程左岸土石坝的加固任务。为解决大坝加高新老混凝土结合技术难题，汉江集团承担了长江委在右5至右6坝段进行新老混凝土结合试验任务和仪器埋设观测任务，他和施工单位的人员克服了技术要求高、难度大、工期紧、施工条件复杂等困难，通过3次试验，取得初步成果。

在南水北调前期工作中，丹江口工程局利用前期工作经费完成了全部加固任务，消除了工程隐患，确保了大坝的安全。截至1997年底，共完成了左联抗震加固，张巴岭段加固，尖山坝段恢复原设计轴线加固工程，王大沟反滤接高及下游填塘等工程，消除了左岸土石坝存在的安全隐患，并使全程按加高3.2米断面回填至162米高程，确保了左岸土石坝的安全运用。

利用20世纪90年代丹江口水库水位特低的条件，完成了堰顶泄洪孔堵水门槽轨道的安装工作和左岸土石坝尖山段恢复原坝轴线加固施工，为后期加高争取了时间，同时大大减少了库水位对后期加高施工的制约，降低了因施工对水库效益正常发挥的影响。

完成了混凝土右岸延长段后期加高部分的基础清理工作及右岸混凝土

坝右 1 至右 3 转弯坝段的横缝切开任务。1998 年完成了丹江口电厂 3 号变出线改造工程。

会同长江委综合勘测局完成了施工测量网的布设任务，并进行了砂石厂技术改造及施工供电供水等单项工程的规划设计，结合初期工程管理，对施工场地进行了清理。这些前期准备工作都为大坝加高奠定了坚实的基础。

随着北方水资源日益缺乏，南水北调前期工作力度加大，人们把希望的目光投向长江流域，丹江口水库又成为关注的焦点。十几年来，肖才忠和同志们接待的中外考察代表团多得连他自己都记不清了，许多到丹江口水利枢纽来考察的同志可能都听过他的介绍，每次他都大声呼吁，希望南水北调中线工程早日开工。

肖才忠老人至今已在丹江口工作生活了 45 个年头。肖老与老伴当年是在丹管局职工医院认识的，曾育有二女一男。如今，两个女儿均已成家，唯一遗憾的是，当年忙于建设，疏于照顾，儿子患病过早夭折。

他虽退休几年了，但退休以来的大部分时间他还在发挥"余热"——为南水北调中线大坝加高"四通一平"工程做技术工作。回顾自己的一生，肖老说："磨了 40 年，搞了一个工程，自己觉得值。看到今天的丹江口，作为最初的建设者，自己也感到欣慰。回想过去，总有感到不足的地方——丹江口二期工程没有完建，总觉得自己的工作还没做完。现在好了，南水北调中线水源工程开工在即，丹江口大坝加高在望，当年的建设者终于可以圆梦了！"

（四）守望沧浪：从艰苦条件中发展的观测与监测技术

在丹江口工程建设与发展的过程中，坝情与水情观测起着至关重要的作用，一辈辈"观水人"在艰苦的条件下勇毅前行、攻坚克难，探索着一条高效、可行的观测之路。"通信是保证水库调度正常运转的基础，直接关系着防汛安全。采用何种通信方式才能够及时、准确、可靠地获得上下游及库区的水情信息，这一问题的探索贯穿于整个丹江口工程的发展史，充满着艰辛。"对于已逾八旬的老通信人徐彬来说，这段历史凝聚了太多的感慨与记忆。

在丹江口工程开工建设后的较长一段时间里，通过邮局拍发水情电报是最主要的通信方式。

当时的丹江口工程局委托水库上下游流域有关单位的水文、雨量、水库、气象台站等，向工程局拍报水雨情、降水预报及水库运行情况。一到汛期，工程局每天可收到数百份水情电报，即使在枯水期也有数十份。电报从各站到工程局要经过一级级邮电部门，这种通信方式中间环节多，传递时间长，容易出差错，难以满足情报及时准确的要求。因此，在不同时期，对水情预报影响较大的主要干支流控制站采取了更为有效的通信方式来保证水情信息的及时性和准确性。

1959—1967年，工程局每年都会向湖北省邮电局租用无线报汛电台，设置在水库上游各主要干支流控制站，定时拍发水情信息。

1967年，丹江口水库开始下闸蓄水，邮电通信条件有所改善，相比电报而言，更高效便捷的电传方式已广泛使用。"文化大革命"期间，电台安全缺少保证，便改用邮电电传方式接收水情信息。这种通信方式一般情况下能够满足工作之需，但却有一个矛盾难以避免——遇到暴雨等恶劣天气时，有线线路易受损中断，水情信息便无法及时接收，而这种情况却又恰恰是最需要水情信息之时，往往会对水情预报及水库调度造成较大影响。

1975年8月，河南发生特大洪水，通信中断使当地防汛工作陷入极大被动，造成了巨大损失。当时的水电部在全国防汛和水库安全会议上提出，要认真吸取经验教训，不断提高水利工作水平。加强防汛中的通信联络工作可谓迫在眉睫。

这一年，根据防汛调度需要，工程局水库管理处应运而生，主要开展气象预报、水情预报、水库调度、无线通信、水质监测、水库地震监测等工作。

从 1976 年起，水库管理处开始自己培训报务员，同时购买通信设备。之后，每年汛期均在水库上游各主要干支流控制站派出短波电台，并以丹江口为总台组成了上游无线报汛网。

年逾六旬的张世平正是当时第一批报务员中的一员。通过参加培训，勤学苦练，掌握了过硬的技能后，张世平与其他报务员一起被分派到分布于石泉、安康、白河等地的各个站点。这些站点大多在人烟稀少的崇山峻岭之中，每站只设 1 ~ 2 名报务员。"那里交通十分不便，生活条件也很艰苦，每年汛期一待就是 5 个月，要耐得住寂寞。没到汛期的时候也不能放松，每天都要坚持进行大量的练习才能保持发报速度和熟练度，一双眼睛经常熬得通红。"张世平说，"能够坚持多年，全凭着'事关防汛安全，通信人要为自己的职责负责'的信念。"

1983 年 10 月，汉江上游遭遇特大洪水，安康城被淹，对外通信中断。水库管理处在安康站的报务员冒着大雨，背着三四十斤重的电台，跑到高处寻找无线信号，及时将水情信息拍发给了丹江口总台及有关防汛部门。当时，丹江口水库水位最高时达到 160.07 米，波涛距坝顶不足两米，张世平连续数日坚守在丹江口总台："水情紧急，我们必须不停地听报、抄报、转报，几乎 24 小时无休，忙得连上厕所都顾不上。"最终，在通信畅通的基础上，丹江口大坝经受住了洪水的考验，并发挥出了显著的防洪效益。

随着科学技术的不断发展，水文测报及通信手段也在不断更新。水库管理处逐步建立了库周区遥测网。1983 年，由意大利援建的超短波应答式水文遥测系统被应用。该系统由 8 个测站、2 个中继站和 1 个中心站组成，控制流域面积近 8000 平方千米。进入 20 世纪 90 年代后，丹管局又与南京水文自动化研究所协作，对库区遥测系统进行了改建和扩建。

遥测系统的使用实现了信息数据的自动传输，无线电通信退出了历史舞台。张世平等报务员不用再驻扎在库区测站里，将工作转向了系统的维护检修，每年汛前仍要到库区各个站点巡视，确保设备的正常运行。

1987—1992年，水利部与丹管局还在上游安康、旬河及丹江上游部分测站做过流星余迹通信试验。已届花甲之年的徐彬并没有因为临近退休而放下自己的职责，表示"愿做一块砖，哪里需要往哪搬"，专程赴美国进行了学习，并到库区进行了多次考察试验。虽然这项试验最终因在山区使用效果欠佳而未能运用推广，但用徐彬的话来说，就是"时代在进步，这项工作需要我们去不停地探索"。

此后，随着我国邮电、计算机网络事业的迅速发展，水情通信的渠道越来越多、越来越快捷。目前，汉江集团的水情预报系统已经更新了几代，除了有移动通信的数据传输通道外，还有"北斗"卫星数据输送系统及卫星小站、预警广播系统等多个信息传输通道，在手机上就能及时收到水雨情数据信息。

观测者们不仅是水情变化的记录者与"吹哨人"，同时也是大坝的保护者和"医生"，要时时刻刻呵护它的健康。岁月沧桑，少年白头，永不老去的，是那一双双深情守望大坝的眼睛。

丹江电厂监测分场（前身为浇筑团、丹江口大坝管理队、工程管理处、水工厂观测科）随着丹江口大坝的建设而诞生，是专门为枢纽建设管理提供监测数据的机构。丹江口工程开工以来，监测人发扬丹江口人精神，围绕大坝监测中心任务，任劳任怨，科学精准地完成了一项项监测任务，为丹江口枢纽工程的施工和日常运行管理提供了科学决策的基础数据。一代代监测人薪火相传，不忘初心，在丹江口工程的大舞台上，描绘了属于自己的奇光异彩。

1958年9月1日，丹江口工程开工建设，也开启了老一辈工程建设者千里赴约、献身丹江口水利事业的人生历程。

从岸上走到船上，他随后一生都在丹江口的船上度过。他叫游明书，已经 80 多岁。岁月已染白了他的黑发，在他曾经青春的脸上刻下了深深的皱纹。虽已年迈，但谈到那段激情燃烧的岁月，他仍是那么的热血沸腾，那么的深情无限……

游明书年轻时曾在老家一条叫作堰河的河边做纤夫。丹江口工程开工以后，他和家乡的千百个建设者一同奔赴丹江口。与他们同行的还有县里仅有的两艘大木船，满载着松木等建材，游明书和同伴们硬是把它们从汉江下游拉到了丹江口。不过，在后来的汉江截流中，为了抗击一浪高过一浪的汉江激流，这两艘大木船被击沉在堤口。

后来，游明书从岸上的纤夫变成了河里的船员，又成为船长。他把一生都拴在了船上，上安康，下襄阳，为丹江口工程建设运输着各种物资。

1971 年，范慎琴从知青转行成水利工人来到丹江口，可能是那批招工来的青年人太多，他还不能马上分配到班组，只能在"副业组"里打杂。那个时代的工作都是由组织安排，没有"讨价还价"的余地，没有"挑谷择米"的现象，更没有现在的"双向选择""跳槽""炒鱿鱼"的说法。他们刚来时什么活儿都干，帮食堂买粮、拉煤、种菜，甚至打扫猪圈……所有的脏活、累活全包了。记得一天下午，他们正在王大沟山梁子上拆旧房子，来了一群人在远处指指点点、比比画画、点头又摇头的。工人们一个个"蓬头垢面""黑汗直流"地只顾干活，谁也不晓得究竟怎么回事儿。后来才知道，原来是测量队的领导和师傅们来挑选青工，范慎琴被选中，进了测量队。

刚进测量队时，这些年轻人对自己工作的重要性认识不足，认为那么结实、雄伟的大坝，谁能移动得了？用得着天天观测吗？测量队的领导和师傅们苦口婆心地上课，讲述大坝的建设历程及监测管理工作的重要性。师傅们语重心长地说："测量人员就好比是大坝的保健医师，坝体的健康、安危关系到中下游乃至整个江汉平原千百万人民的生命和财产安全。监测工人们每月的工作看似重复、烦琐，但实际上是很伟大的，是为大坝的千秋大业在保驾护航。"年轻工人们牢记师傅们的谆谆教诲，深深感到了肩上的千斤重担。

"俗话说'创业难，守业更难'，我们年轻人更应该认真做好大坝的监测工作，特别是汛期的加测工作，要收集各方面真实的数据资料。"范慎琴回忆。

为了确保大坝的安全运行，充分发挥工程效益，测量队的师傅们付出了艰辛和劳苦。施工初期，随着坝体的增高，他们在大坝内、外部的不同层面，按需、保质、保量地埋设了各个系列的观测点位，并严格按照国家制定的各项监测规范、标准、要求进行测量，收集了大量原始、真实、可靠的数据和图表资料。工程竣工后更是系统有序、按周期、照规范，对大坝内、外部进行管理监测工作。测量队严格规范、明确分工、各负其责，同时又合力协作、集体作业。除了日常的巡视检查外，更精确的还有坝体变形测量、水平位移、垂直位移、坝体挠度、倾斜、渗流、裂缝、应力、扬压力及库水温度等诸多方面的观测。

那时，许多监测工作全靠人力劳作，水准仪、经纬仪、皮尺、函数表、对数表、直尺、圆规、曲线板等都是必不可少的工具。从观测数据的记录、计算到成果出来列表、绘制各种变形曲线图，年度观测资料的总结汇编等，都要经过内、外业人员百分之百的检查，才能保证成果质量。

随着社会的发展、科技的进步，如今的大坝监测工作新增了许多电气化、自动化的测量工具，以往的许多人工监测工作，现在都可以由计算机操作完成，很大程度地提高了监测工作的效率和质量。南水北调中线一期工程通水后，大坝监测人的工作更加繁重，责任也更加重大。

"希望年轻一代的大坝监测者、管理者们不负众望，为确保南水北调水源地和丹江口水库的安全、稳定作出更大的贡献。时光如梭，50多年过去了。忆往惜今，感慨万千，我们虽然已经退休了，但我们的心依然和大坝牵挂在一起。无论时代如何变迁，我们热爱党、热爱国家的浓情厚谊始终不变。我们热爱大坝，安居丹江口，每天看到大坝的雄姿，依然会感到光荣骄傲、自豪幸福。"回忆往昔，范慎琴充满自豪。

杨振轩是20世纪60年代初来到丹江口的第一代监测人。

杨振轩至今难忘丹江口工程建设初期老一代监测人的创业往事。丹江口大坝坝址位于荒郊野外，位置偏僻，交通落后。作为监测人，往往要远离施工大本营，经历更多的艰辛和困苦。除了要扛着沉重的监测设备外，当时他们面临的最危险的状况，居然是野外不时冒出来的狼和草丛里游窜的蛇，不离手的木棒成了大家最好的防身工具。另外，"交通基本靠走，通信基本靠吼"。每次测量，大家分头行动前都要约定好见面时间和地点。遇到所处的位置凹凸不平、无法看见同伴时，总有人会爬树或者登上高坡，以便跟同伴联络，而当距离遥远时，还必须通过旗语进行联络。测量工具也极其落后，每个测量员身上常备的工具不过是现在看起来已落后很多的经纬仪和水准仪。

水利建设者们往往是献了青春献子孙，一代代丹江口人在这里生根发芽，开花结果。而监测人薪火相传、言传身教的传统，让一代代监测专业人才脱颖而出。

游荣强是游明书的儿子。在他的儿时记忆里，丹江口工程是一座高高的大坝，是父亲漂泊的汉江河里快乐的浪花。水利家庭出身的他有着浓厚的水利情结。1986年高考后，他征求了父亲的意见，毅然报考了湖北省水利水电学校（现湖北省水利水电职业技术学院）水文专业，毕业后分配到当时的水工厂监测科工作。

而杨兵毕业于师范院校的中文专业，当他首次走上父辈们曾经工作的监测岗位时，便发誓要从头学起，不当监测的外行，要立足岗位成才。他将父亲当年在工作中留下的沉甸甸的监测笔记拿过来，一页一页地翻看，对自己的工作有了初步的认识，也真切地感受到了老一辈监测人深深的监测情怀。向课本学，向老同志学，在实际工作中去锻炼和提高，他很快成为一名业务骨干，并逐步成长为副班长、专责工程师和分场副主任。

谈起老一辈监测人传承下来的精神，大家耳熟能详的一句教诲是："做监测，一定要严谨，差之毫厘，失之千里。不严谨的话，监测数据毫无价值可言。"

有一次，在铝业公司一期技改扩建工程放样工作中，游荣强和同事们不分昼夜地测量了数十天，眼看收工在即，游荣强坚持按照工作流程又做了最后一次复核。复核中，一处细小的失误被发现，尽管大家已身疲力竭，但还是马上重新放样，进行了纠偏。

杨兵回忆，在他工作的这些年里，不讲条件、不谈报酬、不怕吃苦、奋勇争先的监测人精神随处可见。在王甫洲水利枢纽监测设备埋设时，工地现场交叉施工，施工任务重，人手少。现场有位叫金淑华的女同志，虽然个子小但干起活来却一点也不推托，扛起几十斤的设备就往前走，让身后的工作人员们都佩服不已。多年来，像这样懂业务、肯吃苦的监测人不胜枚举。

60余年来，丹江口工程发挥了巨大的效益，这支监测力量也伴随着时代的发展在不断进步。

监测设备不断更新换代，简陋而沉重的监测仪器逐步被轻便、多功能、自动化的仪器所取代。监测人不断加强对新技术、新理论的学习，逐步掌握了现代化的监测手段。他们在监测中，把现代化的仪器设备同摸爬滚打的监测经验相结合，为枢纽运行、丹江口大坝加高源源不断地提供着精准数据。

丹江口大坝加高工程开工后，大坝监测任务异常艰巨。与此同时，监测人还承接着汉江上游潘口、小漩等枢纽的各类监测任务。他们在保障大坝日常巡检和监测工作的同时，上竹山，下老河口，四面出击。有的技术骨干甚至同时负责3个项目的工作，这边告一段落，又要马不停蹄地奔赴下一个工地。

在丹江口大坝蓄水试验期间，当水库水位首次超过大坝加高前的最高水位以后，大坝监测数据全部属于历史空白。监测人加大监测密度，用一组组科学的数据，填补了这一空白，为枢纽运行、调度、检验加高工程质量等提供了决策参考。

有一次，晚上10点多，监测分场负责人突然被紧急召集到大坝上。原来，有一处长达45米的两坝段之间的骑缝钻孔偏离了预定区域，急需找到正确的方向。水利部、长江委、汉江集团领导都极其重视这个钻孔试验，要求连夜测量、确保钻孔精度。监测分场成立了专班，立即研究部署方案，并于第二天凌晨4点半启动了监测工作。4个小时后，游荣强向领导汇报，钻孔方向与预定方向相比向左岸方向偏4厘米。纠偏工作因此得以顺利进行。下午，在丹江口大坝上进行现场督查的上级领导对游荣强和同事们竖起了大拇指。

丹江口大坝履行着防汛、供水、发电等重大使命，也成为越来越多人关注的焦点。如何运用现代化的监测仪器和手段完善大坝监测体系，如何让大坝监测的成果实时向有关部门传送、构建信息时代大坝监测新模式，是摆在监测人面前的崭新课题。2017年，由中线水源公司牵头，汉江集团参与配合的丹江口大坝安全监测系统整合及自动化建设项目正在有条不紊、紧锣密鼓地进行。监测人们还在积极参与项目建设，当好主人翁，主动作为，为建好、用好这个系统付出自己的努力，全面提升丹江口大坝的自动化监测水平，用更多、更快、更科学的数据，为大坝管理提供决策依据。

二、再次出发：艰难中前行的改企之路

丹江口自建设以来，已经历了60余年的风雨变迁，如今，丹江口的历史已翻开了崭新的一页，任务不断变化，组织观念、管理观念、技术观念、市场观念不断更新，丹江口正不断创造着新的辉煌。

（一）任务变化：从建设到管理

丹江口的名声，是随着丹江口水利枢纽工程的兴建而唱响于中国的。

1958 年 9 月 30 日，汉江丹江口汇合处的右岸猛烈的爆破声拉开了工程建设的序幕，来自湖北、河南等地的 10 万建设者，以"为有牺牲多壮志，敢教日月换新天"的豪迈气概，筑高坝，锁苍龙，征服汉江，根治水患，湖北省省长张体学亲自上阵，担任工程总指挥长。曾参加过当年工程建设的老人们回忆说："丹江口水利枢纽是'3 个 10'立起来的，10 万大军，10 年建设，10 亿元投资。"

1968 年，丹江口电厂第一台机组投产运行，标志着工程将由建设转向管理。然而，在运行中，突出的矛盾出现了：电往哪里送？人往哪里流？钱从哪里来？都没有着落。当时，湖北省的生产力落后，各种物资短缺，生产资料均由国家调拨，计划供给。为能平衡地缓解这些矛盾，湖北省省长张体学决定，发展高载能产业，缓解湖北省有色金属原料短缺的问题，在丹江口兴建铝厂。

1970 年 5 月，丹江口第一座铝厂诞生在汉水之滨，建设工期仅 3 个月时间。于是，一个由 400 多人组成，年生产铝锭 2000 吨的国营企业正式投产运行，实现了省长张体学的愿望。可以说，在当时特殊的历史条件下，汉江集团挖出的第一桶金就是为了解决人员和电力出路的问题。但谁也没有想到，正是这第一桶金为后来汉江集团的发展壮大，特别

1970 年 8 月 1 日，丹江铝厂第一块铝锭产出

是走出丹江口沿产业链向上、下游实施资本扩张战略,挤进中国企业500强,奠定了坚实的基础。

1973年,丹江口工程全面竣工,6台机组全部投产,工程正式由建设转为管理,第一阶段落下帷幕。周恩来总理称之为新中国唯一一座"五利俱全"的水利工程。丹江口工程集防洪、发电、灌溉、通航、养殖于一体,开始发挥巨大的综合效益。

(二)二次跨越:丹管局的诞生

1975年,10万建设者纷纷转入其他主战场,一部分人开赴葛洲坝,一部分人调往黄龙滩,还有一部分人奔走在湖北省境内贫困山区的南河和潘口,留下4000名职工肩负起了枢纽运行的管理任务。在运行管理期,为满足丹江口和淹没库区的休养生息要求,根据国家的部署,丹江口又陆续兴建了与电厂配套的铁合金厂和电石厂。在今天看来,这些小企业虽然生产规模和能力都十分有限,但却缓解了湖北省原材料紧缺的矛盾,有力地支持了淹没区经济社会的发展,发挥了不可替代的重要作用。

1978年4月27日,水利部丹江口水利枢纽管理局正式成立。丹管局在肩负枢纽管理任务的同时,开始进入生产经营阶段。对老企业实施技术改造,对新企业重点投资,不断扩大产业规模。为寻找新的经济增长点,壮大企业群体,丹管局又陆续兴建了碳化硅厂、钢厂、瓷厂。没想到那个年代的一个工业雏形,成就了后来的工业群体,在这个群体中,又成就了铝业龙头,形成了10万吨的铝冶炼规模,一跃而成为华中地区最大的铝冶炼生产加工基地。

计划经济时代,商品短缺,凭票购物。当时的铝锭,有钱买不到,比货币流通还畅销。1980年,丹江铝厂的所有铝产品,由水电部物资部门直接调拨,供给部内系统使用,在完成任务之后,丹江铝厂曾以超产的铝锭换彩电冰箱,调剂职工需求,这也被人们传为佳话。丹管局也随着工业产品的走俏而名声大噪，有口皆碑。

当时的条件和环境催生了丹管局产业结构的形成，不仅仅有天时地利，而且还有人和的因素。到 1993 年底，丹管局当年的综合经营产值已突破 2.82 亿元，销售收入达到 2.2 亿元，比 6 年前的 1988 年翻了 4 倍多。由此，丹管局经济一路走高，而且在水利部内综合经营一炮走红。

1994 年 5 月，全国水利经济工作会议在丹管局隆重召开。当时丹管局开辟的"建管结合，全面发展"的道路，在我国水利系统中独领风骚，一花独放，并被称为"丹管局模式"，在水利行业中被树为典型，广为推崇；水利部称之为"丹江之路，水利振兴的希望"，时任水利部部长的钮茂生感慨："水利系统多有几家丹管局这样的企业，日子就好过了！"

丹江口因水而得名，企业因电而发展。40 多年来，在共存共荣的关联中，企业与丹江口建立了血缘关系，同时也成就了丹江的发展和未来。

"丹管局模式"，拓宽了水利经济领域，使产品结构单一的老行业，逐步形成多元化的企业群体。在今天看来，是历史选择了丹江口，丹江口也同时见证了历史。

1996 年 10 月 18 日，在水利部的领导下，汉江集团正式挂牌汉江水利水电（集团）有限责任公司，一套班子，两块牌子，开始按照现代企业制度运行管理。自此，丹管局经过 20 年的培育发展，成功地完成了第二次跨越，开始由生产经营转入资本扩张。

（三）改企之路：资本走出丹江口

为扩大企业经营规模，培育新的经济增长点，汉江集团又提出了"立足主体，发展两翼""立足丹江口，走出丹江口"的经营理念，第一次将资本输出家门。

1997 年 4 月，汉江集团实施资本扩张战略的第一个以多元投资为主体的股份制企业，在山西祁县正式注册成立——山西丹源碳素股份有限公司（简称"丹源公司"），注册资本为 2400 万元。丹源公司经营方式为自主经营、独立核算、自负盈亏。开发的产品主要是生产电解铝的配套材料——预焙阳极。阳极碳素在提炼铝制品的工艺流程中占有重要位置。炼 1 吨铝需消耗 0.5 吨阳极碳素，而用丹源公司生产的阳极碳素只需 0.4 吨，成本低，品质高。这是汉江集团在建立现代企业制度中，实施跨地区、跨行业、跨所有制的企业集团战略，进一步增强企业发展后劲的一项重大举措。

2000 年 8 月 20 日，汉江集团将经济发展的触角又延伸到了山东。与民营企业信发集团有限公司（简称"信发集团"）强强联营，由 6 家股东组建成立了山东中兴碳素有限责任公司（简称"中兴公司"），汉江集团控股 51%，规划年生产预焙阳极 12 万吨，所生产的产品直接销给信发集团铝厂。

短短的 3 年时间，汉江集团在"立足丹江口"的同时，积极"走出丹江口"，择优选择投资环境，以稳健的步伐实施资本扩张，以相对或绝对控股的形式，在山西祁县、山东茌平分别建成了一期、二期碳素工程，使碳素的年产能达到 27.4 万吨，一跃而成为全国专业生产厂家之首。利用当地的资源，汉江集团成功地实现了低风险运行，低成本扩张。山西丹源公司投入 1800 万元，却占有了 1.2 亿元的固定资产，山东中兴公司投资 1500 万元，却拥有了 2 亿元的固定资产。

艰苦创业是勤俭节约、不怕艰苦、知难而进、奋发图强、顽强进取、百折不挠、敢于胜利、一往无前的精神风貌，是我们党和国家的优良传统和精神品质，是现代中华民族精神的重要内容。10 万民工、"土法"上马、夙兴夜寐……丹江口的三次飞跃，无一不是诞生于艰苦之中，发展于奋斗之中，艰苦奋斗的精神还将继续在丹江口人的血脉里流淌，成为不断推动和见证水利事业发展的优良基因！

丹江口

治水精神

第四章

顾全大局是丹江口人的大局观

　　顾全大局就是要增强全局意识，坚持以大局为重，是把党、国家、民族和人民的利益作为长远利益、整体利益和根本利益，正确处理好国家、集体和个人的利益关系，个人利益要服从国家利益、集体利益，眼前利益要服从长远利益，局部利益要服从整体利益。其最高境界和最终体现是爱国主义。爱国主义是千百年来巩固起来的对自己祖国的一种最深厚的感情，是中华民族精神的永恒主题，它贯穿于中华民族发展过程的始终，是推动社会发展的巨大力量，是各族人民共同的精神支柱，是社会主义精神文明主旋律的重要组成部分。顾全大局要求必须以大局为重，始终把国家利益、民族利益、整体利益放在首位，把地方利益、小团体利益、个人利益放在次要的地位。

　　在丹江口水利建设管理的过程中，顾全大局精神贯穿始终，丹江口人时刻同党中央保持高度一致，在国家和人民最需要的时候服从大局、心系长远，毫不犹豫地肩负起祖国防洪抗旱安全和南水北调的重要使命，积极投身到丹江口事业的开发建设之中，集中体现了丹江口人高度的组织性、纪律性和伟大的爱国情怀，也逐渐形成了丹江口人的集体行为准则和大局观念。兴建丹江口工程，事关国家发展和民族振兴的大局，关系国家发展和民族复兴大局的伟大工程。1953 年 2 月，毛泽东主席在"长江舰"上提出南水北调的宏伟构想，拉开了丹江口水利枢纽工程建设的序幕。1958 年 3 月，中央政治局召开成都会议决定兴建丹江口水利枢纽工程，同年 9 月，工程正式开工。10 万建设大军汇聚于当时还是不毛之地的丹江口，开启了征服汉江的壮举。随着各流域水利事业的发展壮大，丹江口水利枢纽下一步的历史使命也开始转向南水北调。作为这一系统工程的中线重要组成部分，丹江口水利枢纽的建设将重点解决北京、天津、石家庄等沿线 20 多座大中城市的缺水问题，并兼顾沿线生态环境和农业用水。2021 年 5 月 14 日，习近平总书记在推进南水北调后续工程高质量发展座谈会上强调"南水北调工程事关战略全局、事关长远发展、事关人民福祉⋯⋯

要从守护生命线的政治高度，切实维护南水北调工程安全、供水安全、水质安全。"

　　几十年来，从背井离乡的工程移民，到奋战洪涝一线的水利职工，到脱贫帮扶的走访成员，到抢险救灾的逆行身影……丹江口工程见证了顾全大局的精神在无数人、无数群体身上熠熠闪光。

一、移民：三十八万人的迁徙之旅

　　丹江口，坐守汉江，怀抱碧水。丹江口工程开工建设前，这里还是荒山野岭，人们只知道附近的老均州。那是一座有着 2000 多年历史的古城，与道教圣地武当山遥江相望。古城以武当山九宫之首净乐宫为轴心，四周殿宇重重，红墙环绕；院落层层，曲径通幽。位于汉江边的槐荫古渡，商贾云集，南来北往的盐茶粮油都要经过这个"黄金水道"。老人们回忆说："当年槐荫古渡的繁华有点像清明上河图的景象！" 1958 年，丹江口工程破土动工，1973 年大坝下闸蓄水。老均州的城垣街市沉入江底，浩瀚无垠的亚洲天池横空出世，这就是今天的丹江口水库。于是均州古城成了一座留在江底、留在记忆里的城池。而丹江口，一个依坝而兴、坐拥汉丹、怀抱碧水的新城拔地而起。

移民大搬迁

丹江口大坝的雄伟和壮丽令世人惊叹人类征服自然的力量。由于特殊的地理位置，它至今在汉江中下游防洪中占有举足轻重的地位。它初期的坝顶高程 162 米，海拔比华中地区的高出 130 多米，相当于 40 多层楼房那么高，对汉江中下游 1300 万乃至武汉市的 800 多万人民来说，就好像悬在头顶上的一条"天河"；它的最大库容量可达到 290.5 亿立方米，相当于全国人均 20 多吨水存放在这里。然而，就在这座雄伟壮丽的身躯背后，曾经有过一段悲壮的历史。这就是当年为这项工程的建设而做出巨大牺牲的 38.2 万移民。这个数字不仅在我国水库移民史上是空前的，即使是在 40 年后的今天，也仅次于三峡工程移民数。

（一）移民之路：背井离乡路迢迢

党和政府对移民工作十分关心和重视。特别是周恩来总理从丹江口水库规划设计开始就指示："要认真研究水库移民问题。"以后，在工程实施阶段又多次指示："我们是社会主义国家，不能'以水赶人'，国家要对水库移民负责到底。"1965 年，林一山同志根据中央指示精神，明确提出了"移民工程"概念，确定了移民工程在水利水电工程建设中的重要地位。

在党和政府的关怀下，38 万移民分别迁移分散在湖北省的丹江口、襄阳、枣阳、荆门、随州、钟祥、宜都、南漳、汉川、沔阳、京山、武昌、汉阳、嘉鱼、郧县、郧西和河南的邓州、淅川等市（县），因移民 92% 以上是农业人口，所以政府必须要安排一份土地，使他们生存下去。这样，在各个县内，就涉及党、政、青、工、妇、农、林、牧、副、渔、工、商、财、贸、交、邮、电、教、科等各个部门。而当时的移民经费是按照平均每人 400 ~ 430 元的编制计划概算的。因移民难以生计，造成不少移民返迁现象，给这项工作又增添了重重困难。在这样的情况下，国家不得不再一次追加移民经费。整个工程国家共拨给移民经费 3.29 亿元，其中湖北 2.29 亿元，河南 1 亿元，全部移民经费最后摊到实迁人数 38.2 万人上，人均只有 861 元。

丹江口水库在建设的 15 年间，坝顶高程由 175 米改为 142 米，后又改为 152 米、162 米，正常蓄水位由 170 米改为 145 米，后又逐步抬高到 150 米、155 米、157 米。而在移民分期安置上则有 120 米、124 米、147 米、152 米、157 米、159 米等高程。因工程水位多变，造成移民分 6 批迁移。一、二、三批实际动迁数为 21.2 万人。以后蓄水位抬高至 155 米、移民水位增加到 157 米时，又分 3 批迁移，增加移民 10.7 万人。后来，工程初期建设规模最后敲定正常蓄水位为 157 米、移民水位 159 米时，移民工程才算结束，方案几经曲折，几次反复，广大移民更是历经艰苦，饱经磨难。

为水库蓄水让路，库区 745 平方千米的面积被淹没。当年曾经有 3 个县城——湖北省的郧阳县城、均县县城和河南省的淅川县城，以及 266196 间房屋、675700 亩耕地沉入水底，146 个乡（湖北 87 个乡，河南 59 个乡）的 3215 个自然村（湖北 2082 个，河南 1133 个）的移民背井离乡。

在那个政治年代，移民工作在"左"的影响下，往往以主观愿望代替客观规律，靠政治动员、行政命令搬迁。要求移民"大公无私"，要舍得打破坛坛罐罐。搬迁要多带好思想，少带旧家具。有的地方军事化搬迁，按团、营、连、排、班编队，只带铺盖碗筷，一条扁担搬个家，拉练行军到安置地，要求移民做到组织军事化、行动战斗化、生活集体化。有的实行强迫命令，规定时间和期限，还有的"以水赶人"，不走就是不听党的话，就是反对社会主义。

为了国家这个大家，移民们不得不服从整体的利益，舍弃自己的小家。旧友难忘，亲友难舍，祖坟难抛，故土难离。中国人对家乡的感情特别深，这在世界上也是罕见的。只有在这个时刻，你才能感觉到那种残阳如血的悲壮，那种生死离别、撕心断肠的滋味。

均州古城已沉入水底，江水步步逼近府城。郧县古城的人民正在经受着一场严峻的考验，帮助搬迁的工作队串街走巷，街里伴随着锣声不断传来"水进城了！快搬家哟！"的吆喝声，一声声，一遍遍，打动人们的心，有的工作队身背长枪，手拿绳索，准备对那些死活不愿走的人采取"革命行动"。那年月，人们别的不怕，就怕"革命行动"。一说要采取"革命行动"，人们不得不背起行囊，含着眼泪，远走他乡。

迁徙，像候鸟一样的迁徙，于"大跃进"年代开始，"文化大革命"时期进入高峰。家迁何处？屋安哪里？北进中原，南下汉江，东走长江，西去秦岭。难离的故乡，难舍的乡情，移民们怀着恋恋不舍的心情，离开那"九头狮子山，一寺一个庵，左有凤凰展翅，右有鲤鱼拱沙滩"的优美胜地，舍弃了祖辈苦心经营的丰饶宝地，一批又一批地迁移……

均县县城是库区上游下段的一个城市，位于汉江右岸曾河出口处，西南与曾河平原接壤，东临汉江，北系均州古城，有城墙围绕，全城占地面积1平方千米，县城内的明朝净乐宫排列整齐，有重要文物价值，主要街道高程在115～119米，人口13727人。丹江口大坝一期工程的设计高程为162米，最低线的死水位也在138米，因此，整座县城被一望无边的江水所覆盖。

均县城关有一户菜农，听说自己要远迁到宜都，整天不吃不睡，日里夜里抱着院子里的一棵樱桃树不撒手，家里的狗不懂主人的意思，日夜守在他身边。没有人敢给他做思想工作，没有人敢到他家里去动员搬迁，一直到最后，大水进了院，他还死抱着那棵樱桃树不撒手，后来他被硬性地送到了他乡。他没有在那陌生的地方生存，他一次一次地朝回跑，故乡一天一天地在变，街道、楼房变得面目全非了，最后一次，故乡什么也没有了，展现在他面前的是一片汪洋。阡陌、菜畦和门口那棵相依为伴的樱桃树……都在一片绿水之中，他在绝望中号啕大哭了一场，他成了故乡的一个游民。

但大多数移民都以个人利益服从国家的整体利益，他们顾全大局，为了给水库让路。当时有许多共产党员、共青团员、国家干部积极动员家属外迁，不少干部自告奋勇迁往他乡。时任均县副县长的姚崇点同志，家住器川七里屯，见群众工作难做，带头迁往宜城。时任郎县财政局副局长的张汉文，是均县草店人，曾任过副区长，家属是农村户口，面对当时的紧迫形势，他带头自愿随家属远迁到京山县。

丹江口水库在淹没区需外迁移民 9.1 万人，就地后靠安置移民 22.5 万人。移民们一方面忍痛离开故土，一方面还要参加修建水库大坝的建设。仅从均县就抽调了几十名干部和 8000 名民工，郧阳地区也投入了大量的人力、物力和财力。民工们为工程建设所付出的代价是巨大的。据统计，当年援建工程的民工有 2588 人因工致残，175 人献出了生命。

（二）无私奉献：可敬的移民，难忘的历史

刘泽润，年逾八旬，小时候在青山港居住。1958 年丹江口大坝开工建设时，他正是一个血气方刚的小伙子，他积极报名参加大坝工程的建设。一直到 1973 年大坝建成，他都没有离开工地。退休后，他和老伴在坝下盖了几间房子，靠捕捞水产品补贴家中开支。这次大坝加高工程施工通道要经过老人的房屋。2005 年 5 月 26 日，老人深情地说："过去建丹江口大坝，我是个小伙子，出了一份力，可以说我亲自看到大坝建起来。如今工程向北京调水，我老了，出不了什么力了，但我要第一个带头搬迁，给其他人带好头，决不耽误向北京送水！"

李启海是一个精明的商人。丹江口坝窝子是一个天然形成的水上货运码头。每年秋季柑橘成熟的季节，从江南江北运来的一船船柑橘要从这里装车运到全国各地。再加上其他农副产品，这一个码头，一年的吞吐货物量至少有 2 亿千克。李启海看到了这里的商机，1997 年，他和弟弟李启保投资数万元在这里建了一个地磅，专门称汽车货物重量，年收入在 8 万元以上。他又带动了他的几个亲戚，在公路两旁搭建了几个门面，日子过得红红火火，可以说，早已步入了小康之列。然而，坝窝子码头要成为大坝加高施工场所，他必须得搬迁。他一时怎么也不能接受这个现实，更让他无法接受的是，临街搭建的门面，按政策规定，补偿标准只能算一般性的

房屋。要知道，那一个不起眼的小店，可是能维持一个普通家庭的生计呀。离开了码头，地磅生意如何做？今后怎么生存？李启海十分苦恼。大坝办事处的领导、市里的领导也为他的生计操心，多次上门帮助他出主意，想办法。最后，市主要领导在羊山新码头为他选了一块地方，可以把地磅搬过去，继续做生意，并协调了有关部门从各方面给予优惠。李启海这才松了一口气，地磅搬到一个新地方，还有场地平整等许许多多的问题要解决，新码头的生意能否做得顺利？对于李启海来说，他还是高兴不起来。但是，为了国家，只有舍小家的利益了。李启海当天一搬家，带动了周围13户和他情况类似的居民搬家了。

丹江口市坝区小胡家岭。早晨5点，孟秀英的6个儿子和2个女儿祖孙四代28人为孟秀英的丈夫迁坟。丈夫的坟墓离家不到200米远，孟秀英想念丈夫时就到坟前和他说说话。孟秀英悲恸地哭诉道："老爷子呀，早知道要搬迁，当时就应该一次性地把你安置到位，不应该让你再受折腾，我们要先让你安身，我们再搬迁，因为第一次移民，祖坟都没来得及迁就永远地沉入了江底。"

对于孟秀英来说，"搬迁"两个字是她心中永远的痛。孟秀英一家原来一直住在均州城内，她和丈夫买了一条大船，在汉江上跑运输，虽说孩子多了点，但日子还过得去。1958年，丹江口大坝开工建设，大坝蓄水前的1964年，她们举家搬离均州，先到大坝右岸的三官殿，再到坝窝子，最后定居胡家岭，已经历4次搬家。其中有多少酸楚，从孟秀英头上几根数得过来的头发就可以读出。50多岁时头发已落得头顶发亮了，为了生计，她曾经拉板车，一天跑100多里。定居胡家岭后，她全家先后有13人下岗。艰辛的人生造就了孟秀英坚强不屈、不向困难低头的品质。孟秀英从不向国家伸手，她利用依山傍水的优势，带领儿女们兴建了柑橘园、竹园，投资兴办盆景园，买了2只渔船，捕鱼，养网箱。日子刚有好转，丹江口大坝将要加高，她所居住的地方要成为混凝土拌和料场，2005年6月30日前必须要搬离这里，也就是说，她要经历人生中的第 5 次搬家。

从接到搬迁通知的那一刻，孟秀英就没有睡过一个囫囵觉。一个人一生能经历几次搬家呢？搬迁后自己的盆景、竹园、柑橘园怎么办呢？正值夏季，300 多盆盆景，有的还没有来得及上盆，一搬就死。搬家后，那些盆景怎么安置？俗话说："七竹八木。"到农历七月，竹子才可以砍伐，而此时才农历五月，竹子砍了能做什么用呢？柑橘长得正旺，农历十月就可以上市了，现在要毁柑橘园，简直等于在挖她的心哪！

临近搬迁的前一个月里，孟秀英一遍又一遍地看了她亲手栽植的果树、竹子、盆景，给一个个老朋友道别。说实在的，她真不想搬迁，她多么想在这里多住几天呀。

丹江口大坝坝区小胡家岭。居住在这里 35 年的十堰市航运局退休职工谢丛德将永远搬离这里。他是南水北调中线工程丹江口大坝加高坝区最后一户搬迁的移民。谢丛德的居住地小胡家岭是丹江口大坝加高左岸混凝土拌和系统场地。

从 2005 年 5 月 25 日接到移民搬迁通知的那一刻，谢丛德的心就没有平静过，没有睡一个好觉。当过兵、驾过船的谢丛德性格耿直，快言快语："我不想成为最后一户搬迁的移民，我也绝对不拖国家工程建设的后腿，坚决服从省政府要求，6 月 30 日以前搬离坝区。"

年近六旬的谢丛德老家是郧西县，当兵复员到十堰航运局工作，没想到在 20 世纪 90 年代初就下了岗，每月只有 200 多元的生活费。5 个小孩让他的生活捉襟见肘。更不幸的是大儿子是精神病患者，一出门就不知道回家。前几年，为出去找大儿子，老伴也成了精神病患者。小儿子刚成家在外打工。为了生计，谢丛德经常利用住在库区边上优势，捕捞点儿水产品，补贴家用。这一次搬离坝区后，下一步怎样生活一直是他所操心的。再说一搬迁，老伴和儿子回来还能找到他们居住的地方吗？

眼看离 6 月 30 日这一天越来越近，谢丛德焦急得吃不下饭、睡不着觉。

前天他已在环城路找好了临时过渡房，交了租金，简单地收拾了一下，决定 6 月 28 日搬迁。

28 日早上 4 点，谢丛德已起床了。他做了最后一顿早饭，两个女儿和女婿都来了。一家人谁也不说话，匆匆吃过早饭，天已亮了。谢丛德走出门。院子里的花开得正艳，母狗下了 4 只小狗还没满月。2 只小猫，围着主人转来转去。谢丛德吩咐女儿把它们都装进纸箱里带上。再有 1 个月的时间，两棵葡萄树上的葡萄就熟了，几十棵橘树正挂了柑橘，桃树，杏树，还有菜园里绿油油的蔬菜，这些都是搬不走的，那可是老谢几十年的心血呀，走了就不会再有这些了。

7 点，丹江口市坝区移民搬迁指挥部的十几位工作人员来了，他们帮助谢丛德搬家的汽车也开到了家门口。

其实谢丛德家里也没有什么像样的家具，装起来也不过一汽车。8 点，谢丛德装好家具正准备走的时候，丹江口市委书记彭承波带领市委、市政府、人大、政协的主要领导都来为谢丛德搬家送行了。谢丛德说："我是最后一户搬迁的，实在不好意思。"彭承波拉着谢丛德的手说："你是坝区最后一户搬迁的移民，只要是在 6 月 30 日以前搬迁，都没有任何错。政府感谢你们，丹江口市 50 万人民感谢你们，南水北调中线工程沿线的人民同样感谢你们，因为你们做出了极大的牺牲。"

（三）生存发展：生活在艰苦奋斗中越过越好

迁徙后的寻觅，是艰苦的。

在移民安置的初期，移民们编了这样一首顺口溜：民房，像瓜庵，杆子顶，绳子拴，睡在屋里看见天。而库区"后靠"的移民一直过着"小山淹到顶，大山淹到腰，吃的供应粮，住的茅草房"的清苦日子。

位于丹江口库区南岸的丹江口市牛河区彭家河村田沟组曾经是穷得出了名的组。1969 年夏天，急剧上升的丹江口库区水位，将田沟人赖以生存的河滩地几乎淹没殆尽。

土地，最肥莫过于河滩地，那个肥呀，捏一把冒油；省事儿也莫过于河滩地，耕种时，只要撒把种就行。田沟人祖祖辈辈就靠这河滩地吃饭。也许是上帝的恩宠，彭家河全村其他 6 个组的地寥寥无几，而只有 20 户人家、103 口人的田沟组，却偏偏有 157 亩河滩地和 87 亩粮田，仅一个夏季小麦就可收获几万斤。

那一年，库水涨起来后，再也没有消半分，田沟的田地便永远地落入水底。田沟人被迫退到乱石密布、荆棘丛生的山坡上，望着复出无望的"水底田园"，悲痛万分。

这些人中，有一个不仅悲痛，而且后悔的人。

他叫潘永平，原在县航运公司工作。每个月 36 元工资养活不了全家 6 口人，而种地却可以使全家有吃有穿。于是，丢下工作，回到田沟。不料第二年就遭了水，落得个鸡飞蛋打。潘永平后悔死了，要是有后悔药，他保险敢吃一挑。不管是痛也罢，悔也罢，只要是田沟人，都得承认这样的现实：今后可供耕种的田地只有 15 亩。在这次变故中，政府给田沟提出了两条可以选择的道路：要么迁向土地肥沃的江汉平原，要么就地搬到本村各组。

于是，有人心伤泪流地告别了田沟，有人犹豫不决拿不定主意，也有人压根儿就不想走。金窝银窝，比不上自己的穷窝。1969 年底，田沟人家锐减到 11 户、73 人。他们的户主分别是曾元成、曾正金、曾正山、曾德龙、曾正堂、何启林、何国太、余荣军、余建忠、杨祖兴和那个"早知今日，何必当初"的潘永平。

当时既是会计又是组长的曾元成，不分昼夜地走家串户，动员大家留下来。"地淹了，我们还有 860 亩荒山，自己靠自己，好歹混下去，田沟终究有个盼头。"曾元成的一片真诚感动了大家。大伙儿决定不搬不散，上山找出路。在坡上，他们扒来刨去，把能种的地方都种遍了，仍然糊不住 73 张嘴。

正在他们满脸愁容的时候，县农业局技术员陆显临帮助他们谋划了一条致富之路。他要田沟人上山挖窝抽槽种蜜橘。蜜橘成熟的季节，11 户田沟人翻遍衣兜，你一角，他几分，凑集了二元八角钱，由曾元成带领 4 个社员，背着红薯面馍，步行上百里到六里坪区马家岗参观蜜橘园。他们惊奇地发现，马家岗的石头比田沟更多更硬。

回到田沟，曾元成把乡亲们聚在一起，拿出带回来的 4 个橘子，分给每人一瓣。吃着马家岗的蜜橘，田沟人也似乎咀嚼到了未来的甜头，大家几乎异口同声地说："马家岗人能吃果子饭，我们田沟人也能吃。"

就这样，在当时极其困难的条件下，田沟人顶着来自各方面的压力，手提马灯上山，开始谱写他们的创业史。

1975 年正月十六，大地被风雪染成一片银白。彭家河学校的女教师李尚梅路过田沟时，被眼前的一幕惊呆了。她穿着厚厚的棉衣，寒气把五脏六腑都浸透了，可田沟人一个个穿着单衣在山上挖大窝，头上还冒着热气。眼前的情景，让李尚梅感动得哭了。这一年的春天，田沟人种下了第一批致富的苗——810 棵蜜橘树。

苦尽甘来，田沟人迎来了第一次收获。这一年秋天，橘园里，黄澄澄的果实陶醉了田沟人。飘香诱人的橘果采摘下树时，田沟人一致推让为田沟人操尽心血、受尽委屈的曾元成先尝。而曾元成呢，却将第一个橘子递给曾被自己气疯过的老母亲唐万秀尝，田沟人再次哭了。不过，这一次，不是酸涩，而是喜悦。

1974 年 10 月，丹江口水库蓄水位由原定 155 米提高到 157 米，移民水位线为 159 米。因水位又抬高了 2 米，所以水电部又确定了均县的第五批移民总数为 15098 人，这些移民以后靠内安为主。移民上山是豪迈的，就像当年跟贺龙上武当打游击闹革命一样，他们边移民、边安置、边建设，如果没有建设，生活就没有出路，移民就不能稳定。均县凉水河镇三官庙片淹没后，在国家的扶持下，用移民经费、贷款和自筹的经费共计171.9万元，建泵站3处。当时的凉水河铁塔就是靠"一不怕苦，二不怕死"的精神修起来的。羊山铁塔65.5米，当时为郧阳之最。凉水河的群众还日夜战斗在高高的山岗上，他们豪迈地说："河里淹了上山补，淹一亩置三亩！"在高山上开荒造地，土质不好，他们到河里一担一担地把河泥挑上山；石窟贫瘠没有土壤，他们硬是把土从山下挑上去铺出一块来。他们用艰苦创业的精神，硬是在贫瘠荒凉的山上造出梯田3010亩。他们的干劲哪里来？这些后靠的移民心里头总是有这样一个比较：许多兄弟姐妹，离开了祖祖辈辈生活的故土，和他们比算不了什么，能留在家乡，看到汉水，就是最大的幸福。只要有党的领导，有政府的扶持，我们就能创造奇迹！

奇迹创造出来了，库区里的郧县安阳乡共淹没土地6000多亩，置地后，土地增加到8000多亩。更令人惊奇的是，十几年后，安阳乡成了郧县的粮仓，成了库区粮食生产的典范，人均粮食产量1500斤，平均每人每年向国家交粮700斤。

在美丽的背后，国家不会忘记，人民不会忘记，当年为工程建设付出巨大代价和作出牺牲的人们；那些征服汉江、建造大坝的10万雄师；那些含笑九泉、为工程献身的人们；那些背井离乡、迁移流动的库区移民；他们的英雄事迹将永垂不朽，名传千古！

丹江口大坝加高工程是南水北调中线的控制性和标志性工程，关键在移民。大坝加高于2005年9月26日动工，在这一天来临之前，居住在大坝左右岸施工占地区的移民必须要先搬迁，为大坝加高让路。湖北省人民政府要求，2005年6月30日前完成坝区移民搬迁。

从5月24日丹江口市召开全市移民搬迁动员大会到6月28日，施工占地区的3个办事处、30个行政事业单位、14家工矿企业、642户人家、2572人完成了搬离他们世代居住的家园，拆迁房屋10万平方米！这仅仅花了一个月零四天！

这是发生在炎热的盛夏，故土难离！然而为了国家南水北调中线工程，为了北方人民能喝上丹江口水库的水，丹江口市人民像当年支持丹江口水库建设一样，再次举家搬离故土。

没有豪言壮语，不用高歌亮调，广大移民用实际行动积极拥护、支持国家重点工程建设，共同演奏了一曲无私奉献的坝区移民搬迁交响曲！

丹江口市的移民，他们的奉献是那样的伟大，他们的品质是那样的高尚，他们的胸怀是那样的宽广。他们当中有多少人是经历了两次及以上搬迁的移民，他们的牺牲是无法用金钱来计算的，他们的牺牲是至高无上的，他们的牺牲将永远载入史册！

二、守好碧水：浩浩清波济北流

"人们之所以越来越看重丹江口水利枢纽，不仅因为它早为实践所证明是防洪、发电、灌溉、航运和水产养殖'五利俱全'的优良工程，也不仅因为它曾在锻炼和造就我国第一代三峡工程设计人员方面发挥过巨大作用，更在于它在我国实施南水北调伟大计划中的战略地位。"说这话的是曾被毛泽东主席亲切地称为"长江王"的林一山。

1958年9月1日，丹江口水利枢纽工程开工的炮声炸响了宁静的汉江峡谷，这隆隆的炮声化作丝丝悦耳的音符寄托着中华民族治水的梦想；2005年9月26日，南水北调中线水源工程丹江口大坝加高开工建设的炮声再度传来，以历久弥新之势告诉世人，让碧水北流的步伐从未停歇。时至今日，南水北调这个人类治水史上的壮举历经五十六载终将圆梦。

从湖北省汉江丹江口工程局到水利电力部第十工程局，从水利部丹江口水利枢纽管理局到汉江水利水电（集团）有限责任公司，追溯汉江集团的历史沿革，可以看出，丹江口水利枢纽工程施工、运行和管理是历史赋予汉江集团的重任。汉江集团人深感任重而道远，始终坚持以丹江口人精神守护一库碧水，力保南水北调中线工程的根基——丹江口水利枢纽，让这座枢纽英勇无畏地雄峙汉江锁苍龙。

2005 年 9 月 26 日，南水北调中线水源工程——丹江口大坝加高工程开工

（一）时光荏苒：南水北调在发展中圆梦

汉江流域，因其沟通长江流域和黄河流域的独特地理位置而在历史悠久的中华文明中占有一席之地。得天独厚的地理位置、丰沛的水量以及优良的水质，更是决定了丹江口水利枢纽工程是南水北调中线不可替代的水源工程。

早在 20 世纪 50 年代，丹江口水利枢纽就被规划为南水北调的水源工程。1958 年 2 月，周恩来总理对丹江口工程的兴建明确指示：丹江口水库应综合利用，

2005 年 11 月 25 日，丹江口大坝加高工程第一仓混凝土开盘浇筑，揭开了南水北调中线工程大坝加高工程的序幕

济黄济淮为远景。1958年3月，毛泽东主席在中央政治局成都会议上向人们描绘了一幅南水北调的宏伟蓝图："打开通天河、白龙江，借长江水济黄，丹江口引汉济黄，引黄济卫，同北京连起来。"

丹江口工程在施工过程中，由于形势的需要，工程规模几经变动，缩小工程规模由一期变更为两期，坝顶高程由175米改为152米。1963年7月，在工程进入"小施工、大准备"阶段时，一份《丹江口水利枢纽整体工程修正任务书》面世，任务书再一次论证了丹江口水利枢纽近期任务是防洪、发电、航运和灌溉，远景任务是实现南水北调。1965年8月，湖北省人民委员会、长江流域规划办公室、水利电力部联合呈报《关于丹江口水利枢纽建设标准的请示》，考虑到后期扩建的方案，建议将大坝原定152米方案调整为162米方案。1966年6月国务院批复，同意大坝坝顶按162米高程施工。

在坝轴线的选择上，充分考虑到远景任务南水北调，经研究论证，选出丹江口和王家营的中坝段，因此段可布置于坚硬的火成岩基础之上，符合作为高水头溢流坝的基础。在对最复杂的地质问题统一认识后，又在水工与施工方面进一步比较，以Ⅱ坝线地形条件优越、工程量较小的优势选定其为建设坝址。

通航建筑物是枢纽综合利用开发目标的组成部分。早在1957年规划设计相关人员就开始了通航建筑物的规划设计，历经10多年反复的规划和造型研究，升船机的设计施工以适应枢纽分期开发和库水位的变幅为原则，最终采用斜面加垂直、一次性通过150吨驳船，同时具备通过300吨减载驳船条件的方案建设升船机。升船机的设计在1978年荣获"全国科学大会奖"，为高坝通航创造了经验。

从立项到规划，从规划到设计，从设计到施工，所有的环节之中都映射着南水北调。

丹江口老升船机协助船只过坝

初期工程的建设充分考虑到后期大坝加高完建的要求，预先采取了必要的措施，为后期大坝加高工程创造了有利的条件。河床部分高程100米以下坝体已按后期正常蓄水位170米要求施工，后期加高无水下工程；下游坝坡面预留了新老混凝土坝体结合键槽，便于嵌固结合；泄洪表孔设置有后期施工的堵水门槽，以方便施工。

1990年，水利部下发《关于加强南水北调中线前期工作的通知》，南水北调工程呼之欲出。历经8年的研究论证，《南水北调工程审查报告》终于于1998年3月通过，审查结论意见指出，加高丹江口大坝至最终规模。

"九五"期间，身为丹江口水利枢纽建设者、管理者的汉江集团历经3次创业，已经走出了一条成熟的水利企业发展之路。在集团发展规划里，早已把南水北调写入2001—2010年规划纲要中：完成丹江口水利枢纽后期续建工程，优化调水方案，合理利用水源，使之尽快实现按设计容量进行调水，充分发挥水资源优势管理好水源工程，形成水源调度指挥中心。

1993年11月4日，当时的丹管局下发了《关于成立水利部南水北调丹江口水源工程筹备小组的通知》，组建了以丹管局领导及有关职能部门负责同志组成的筹备小组，下设南水北调办公室。1994年3月5日，召开了南水北调筹备组工作会议。并决定办公室下设5个专业小组，即工程技术部、计划财务组、后勤设施组、坝区移民搬迁安置组、工程建设监理筹备组，为南水北调中线水源工程建设开展前期工作。2004年，组建了南水北调中线水源公司，作为水源工程的项目建设法人；在汉江集团内成立了南水北调中线水源工程建设项目部，专门负责建设过程中的协调与服务工作。

为了配合长江委规划设计部门进行的汉江可调水量分析工作，1994年5月，丹管局提交了《中线南水北调可调水量分析报告》。1995年11月至1996年3月，丹管局参与了由水利部组织的南水北调可行性研究论证。在对中线工程论证审查期间，针对中线水源工程的建设，丹管局于1995年12月提出《丹江口大坝一次加高，分期移民，逐步提高蓄水位，加大北调水量方案》；1996年3月，提出《关于完建丹江口水利枢纽作为中线南水北调启动工程的建议》，为论证及审查报告推荐实施加高丹江口大坝调水方案起到促进作用；1998年5月，与中国国际工程咨询公司合作，编写了《南水北调中线水源工程先行实施，滚动开发，减轻南水北调中线工程建设投资强度的方案研究》；1999—2000年，参加了《中国南水北调》一书的编写出版工作。

重任在肩，打好"前战"。这些方案的研究、规划的论证无疑为大坝加高工程提供了最为前沿的依据。

为保证丹江口大坝加高工程的质量，大坝加高前必须对初期工程的裂缝进行全面处理。受大坝加高工程设计单位、建设单位委托，汉江集团组织专班人员进行裂缝资料的搜集整理工作，形成了《丹江口水利枢纽混凝土坝运行期裂缝资料整编》等4册汇编资料，为大坝加高施工中的裂缝处理提供依据。同时，汉江集团派员参加了丹江口水利枢纽初期工程裂缝处理问题专家审查会，介绍初期工程裂缝的成因、处理过程和裂缝的监测情况，提出意见供专家组参考。

在丹江口大坝加高工程9年的建设期中，汉江集团密切配合、协同推进，在工程初期就抽调了骨干力量率先开展坝区内移民搬迁工作，在施工供电、供水，通信设施，施工道路及施工营地等配套工程上积极支持，尽最大努力保障顺利施工；在勘测设计工作中，组织完成了坝下游地形测量任务，参加了坝区征地移民调查规划、天然建筑材料调查、施工总图布置、"四通一平"等工作，并承担了初步设计报告工程管理部分的设计；解决了汛期大坝加高工程施工安全、配合施工作业、工程施工与枢纽运行相互干扰、各类运行设施改造后的移交及遗留等涉及工程施工和枢纽安全运行的相关问题。汉江集团还主动与电网协调，电厂多次停机配合施工单位检查、处理老坝体水下的裂缝和金属结构的水下施工作业。为了工程早日蓄水，汉江集团全力配合、支援中线水源公司加快蓄水验收工作进度，2013年8月底顺利通过大坝加高工程蓄水验收。

丹江口大坝加高，是在丹江口水利枢纽初期工程的基础上进行培厚加高和改造，被形象地称作"穿衣戴帽"。"穿衣"是指在原坝体下游面再浇筑培厚混凝土，使坝体变厚，即贴坡；"戴帽"是指在原坝上再浇混凝土，即加高。

在经年累月的运行中，大坝或多或少都会出现"微恙"。对汉江集团来说，大坝就像心中疼惜的孩子一般，为了他的"健康体魄"，汉江集团无微不至的关怀从未停歇。

1978年8月的一次暴雨，左岸土石坝下游坡王大沟、先锋沟、张芭岭坝段发生了脱坡。正值汛期，丹管局立即组织人力、机械进行了抢险，仅用17天就将松散土石全部清除，并回填砂砾料。抢险过后，丹管局埋设仪器进行了监测工作，根据监测情况，从1978—1998年投入资金5096万元，不间断地对左岸土石坝进行了加固加高处理，开挖土石方33万立方米，回填黏土 28 万立方米，回填砂砾料 43 万立方米，浇筑混凝土 3.2 万立方米，铺设防渗墙 6709 平方米，为后期大坝加高做好了准备。

1991 年初，利用库水位降至 143 米以下的绝佳时机，丹管局对大坝混凝土坝段上游面 143 米高程某部位连续水平裂缝进行技术处理。1997 年 2 月至 1999 年 5 月，对大坝混凝土坝段上游面某部位 113 米高程水下水平裂缝进行了技术处理，成功治愈了坝体的"病患"，为我国混凝土大坝水下修补技术提供了宝贵的经验。据统计，在丹江口大坝加高工程开工以前，汉江集团先后处理混凝土坝横缝沥青井 34 条，完成 21 坝段宽缝回填、24 坝段导墙加高、9 ~ 14 坝段护坦末端冲刷坑前沿基础修补、11 号深孔胸墙修补、113 米水平裂缝处理、坝顶溢流面嵌补等维护加固任务。

丹江口大坝加高施工现场

在汉江集团的精心管理下，自 1973 年水库蓄水运行至今，大坝经受过超过千年一遇洪水位 160.07 米、最大入库流量 34300 立方米每秒、最大下泄流量 20900 立方米每秒的考验。1991 年 4 月，丹江口大坝接受第一次大坝安全鉴定，专家组分别对大坝基础、混凝土坝、土石坝进行了全面的"体检"，综合分析一致认为，该工程宜定为正常坝。2002 年 6 月，对丹江口大坝进行了第二次大坝安全鉴定，鉴定结论为：大坝基础稳定、渗流正常、坝体结构良好，大坝总体运行性态正常，具备加高条件。两次大坝安全鉴定工作为大坝加高工程顺利进行奠定了基础。

大坝加高，必然要使新老混凝土完美融合。这是一道难题，更是一套必须走在加高工程前列的精准预案。为确保加高工程万无一失，从1994年起，丹管局先后在大坝右5、右6下游侧坝址处，通过对老混凝土面凿毛、锚筋埋设、结合面抹水泥砂浆等，对大坝进行了3次新老混凝土结合试验。试验成果被成功地运用到新老混凝土结合的具体实践中。2013年5月底，丹江口大坝主体工程完工，坝体以焕然一新的姿态达到176.6米的高程。远眺大坝，可以强烈地感受到新老坝体的有力"咬合"，也见证了汉江集团人不畏艰难、积基树本的襟怀。

水库调度和枢纽监测这两位"安全卫士"与大坝相依相伴几十载，调度、监测人员踏山访水，栉风沐雨，不仅为发挥水库综合效益，保证水库安全运行作出了贡献，更为南水北调大坝加高工程提供了准确的资料。

伴随着丹管局成立后防汛调度需要，1975年，水库管理处（现水库调度中心）应运而生，开展气象预报、水情预报、水库调度、无线通信、水质监测、水库地震监测等工作；1982年，丹管局引进意大利的雨量、水位自动测报系统，并于1983年与意大利合作建立了水库周区遥测系统，使周围9000平方千米的水域即使在恶劣天气时也能迅速掌握情况；1984年，丹管局委托南京水利水文自动化研究所作了水情测报系统规划；1989年与中央气象台协作，研制了丹江口流域秋季降雨预报专家系统；1990年建成了水库调度历史数据库；1991年，历经10年的努力，完成了丹江口水利枢纽水库调度自动化系统，该系统大量采用遥感技术，提高了水情气象预报精度，使预报时间大大提前，为水库优化调度提供了前提；1994年，丹江口水库调度自动化系统获水利部科技进步奖二等奖，并向全国水利系统推广。

自1982年以来，水库管理人员在水雨情数据采集自动化、数据整理、洪水预报方案等方面积累了丰富的经验。近年来，汉江集团进一步完善丹江口水库调度自动化系统。2005年，汉江集团首次实行汛期自动化报汛，提高了报汛质量，为全程洪水预报调度提供了及时准确的信息保证；2006年，全面实现流域内南阳地区和安康、黄龙滩水库等地水文信息的计算机网络传输，为枢纽调度乃至长江防汛调度提供更可靠及时的依据。

伴随着2005年大坝加高工程的全面开工，汉江集团积极调整水库调度方式以配合项目建设。在来水正常年份，为了配合坝体裂缝检查及处理工作对水位的要求，采取适度多发或均衡发电的运行方式消落库水位。2014年，为实现南水北调中线工程汛后通水的目标，面对水库年初水位较低、年内来水偏少的实际情况，水库在实时调度时严格控制发电流量，尽量抬高水库水位，特别是9月，在连续发生两场洪水的情况下，依然做出牺牲，控制发电下泄流量，为通水预留充足水量。

丹江口大坝加高到176.6米高程

时光荏苒，如今站在拔江而起的丹江口大坝上放眼望去，坝长3442米、坝顶高程176.6米的坝体将汉江上游一库清水轻轻揽入怀中。为1983年特大洪水160.07米的最高洪水位所设的标志牌早已随着不断刷新的库水位纪录淹没在水下。这一切都得益于老一辈国家领导人的高瞻远瞩和数以万计水利建设者们的聪明睿智。

（二）建设生态：为清水保驾护航

昔日荒山秃岭，今日碧水青山。站在高处，你可以看到丹江口大坝坝区郁郁葱葱、风景宜人，而矢志不渝、坚持不懈地打造"清水长廊"，进行水源地生态建设的正是汉江集团。

1978 年，时任国家副主席的李先念来丹江口水利枢纽视察时，曾针对水源区的生态建设提出要求："你们一定要把丹江绿化好！"按照"绿化丹江，美化丹江"的指示，汉江集团人年年植树，年年绿化，持之以恒，常抓不懈，当年所管辖的 5200 多亩土地中被纳入绿化面积的达 4207 亩。1981 年，坝区绿化进入实施阶段，首要任务就是植树造林绿化荒山。全局职工齐奔羊山参与绿化，各单位分片包干植树造林。一到节假日，羊山的一片片山坡上到处是热火朝天的景象。为开垦这一片片荒山，一代代的汉江集团人都在这里参加过义务植树活动。经过 50 多年的绿化，"春有花、夏有荫、秋有果、冬有青"已经实现，坝区既有大片松涛林，又有满山水果园，位于羊山的松涛山庄于 2006 年 10 月被水利部批准为"国家水利风景区"。汉江集团相继被评为"全国绿化先进单位""全国绿化模范单位""全国部门造林绿化 400 佳单位"。

南水北调中线工程开工之际，汉江集团绿化工作再上新台阶，工作重点向水源工程防护转移，积极服务南水北调工程建设。1999 年，汉江集团拟定了《丹江口水利枢纽区水土保持环境建设规划报告》，并编制了《丹江口水利枢纽区水土保持生态环境建设一期工程实施方案》，配合完成了《南水北调大坝加高一期移民水土保持方案》编写，"南水北调大坝加高一期移民水土保持方案评审会"等合作项目的实施，制定了《2001—2015 年生态环境建设及园林绿化发展规划》，并严格按照规划进行绿化建设。

2006 年开始，汉江集团投入大量资金，大力开展坝前区域景观改造，将原憩息园扩建为占地 200 余亩的开放式公园。如今的坝前公园草木葱郁、绿树成荫，坝前区域面貌发生了翻天覆地的变化。同时修建了丹江口大坝下游护坡工程，护坡不仅美化了坝前区域环境面貌，而且有效防止了水土侵蚀现象的发生。2011年，汉江集团开始建设丹江口水利枢纽区生态修复苗木基地，对丹江口水库蓄水后淹没区的苗木进行收集、移植、养护，补充到现有苗圃中，增加珍稀树种的存量，完善和补充松涛山庄作为水利风景区在植物配置特别是大型植物配置方面的不足，推进枢纽区水土保持生态建设，改善生态环境。

让水源区的生态走向"人与自然和谐相处"，汉江集团以此作为历史赋予的责任。为"保一片蓝天、护一库清水"，从丹江口大坝1967年下闸蓄水，担负公益性资产运营的丹管局，每年要拿出数千万元资金投入公益性开支。为了水源区生态建设，汉江集团在2004年10月毅然关停了已经运行30多年、产值过亿元的第一电解铝厂，当年减少经济收入1670万元；2005年又关停了年产量为1.3万吨的第二电解铝厂，经济损失达6800多万元。宁可丢掉"金山银山"，也要"绿水青山"，这是汉江集团人对社会的承诺。为了人水和谐相处的美好愿景，汉江集团果断决定，今后电解铝、电石、碳化硅等高载能产业不再在丹江口本地布点、扩能。汉江集团以对社会负责、对库区人民负责、对南水北调工程负责的精神，牺牲企业局部利益，顾全调水大局，以实际行动维护着库区的碧水蓝天。

（三）履职尽责：不惧任何挑战

"一库清水北上"是几代汉江集团人的夙愿，不辱使命描绘蓝图是汉江集团的光荣与梦想。为了这份光荣，汉江集团不遗余力倾注全部心血；为了这个梦想，汉江集团将继续履行好新的枢纽管理职责，在南水北调中线这条生命线上开启新的征程。

历史的车轮从1952年一代伟人毛泽东的宏伟战略构想——"南方水多，北方水少，如有可能，借点水来也是可以的"出发，滚滚向前。历经

60 余年的酝酿、准备与实施，汇聚几代人的智慧与心血，累积不计其数的投入与奉献，南水北调中线一期工程通水的所有条件都已具备：南水北调中线丹江口大坝加高工程 2005 年 9 月 26 日开工，2013 年 8 月 29 日通过蓄水验收；2014 年 9 月 7 日开始的"华西秋雨"为丹江口水库蓄水送上了"丰厚大礼"；2014 年 9 月 29 日，南水北调中线一期工程通过全线通水验收，具备通水条件；2014 年 10 月 17 日 13 时，丹江口水库水位涨至 160.08 米，在南水北调蓄水中刷新了 1983 年创下的 160.07 米的历史最高水位纪录。所有前行的脚步都在追逐一个目标——保南水北调中线一期工程如期通水。

"一库清水北上"实现之际，丹江口水利枢纽工程的管理者、建设者——汉江集团、中线水源公司正全力以赴履行着自己的神圣职责：管好水，护好水，胸怀家国责任，勇担守护纵横中国南北 1400 余千米"水脉"源头的历史使命。

历史上任何重大工程都要经历各种严峻考验，丹江口水库的蓄水也不例外。

2012 年至 2014 年上半年，丹江口水库遭遇连续枯水，为丹江口水库蓄水和南水北调中线一期工程如期通水带来了不利影响。2012 年，丹江口水库来水较多年均值偏少 9%；2013 年全年来水偏少 33%；2014 年夏汛期结束时，水库全年累计来水仅有 103.2 亿立方米，较历史同期的 213 亿立方米偏少一半多，为历史同期最低值。

面对严峻形势，汉江集团提早谋划，从 2013 年起就为南水北调中线一期工程蓄水做了大量准备。

2013 年 6 月，汉江集团根据枢纽加高工程进度情况，为减少防洪、发电与蓄水的矛盾，积极与相关单位协调，提出的《丹江口水利枢纽 2013 年汛期调度运用方案》在汛前获得上级批复，将因大坝溢流面加高施工需要而下调的汛限水位恢复至初期工程标准，夏汛水位由 145 米调整到 149

米，秋汛水位为 152.5 米。汛限水位恢复最明显的成效是减少了汛期弃水，抬高了水库蓄水位。在实时调度中，水库自 7 月 24 日起超 145.00 米运行，8 月 11 日涨至 147.96 米，多蓄水量 15 亿立方米。

2013 年 7 月上旬，在大坝蓄水验收通过前，汉江集团上报了《丹江口水利枢纽 2013 年秋季防洪与蓄水调度运用方案》，并于 8 月底得到上级批复。与此同时，在有关各方的大力支持和共同努力下，丹江口大坝加高工程也于 8 月 29 日通过蓄水验收。水库自 2013 年秋季起汛限水位可按后期规模工程控制运行，水库完成按后期规模蓄水的准备工作。

由于 2013 年 9、10 月水库来水连续特枯，导致水库蓄水严重不足。面对库水位较低的不利形势，为保通水，汉江集团从 2013 年 9 月起就开始调减发电负荷，控制出库流量，尽量减缓库水位消落速度。2013 年 9 月至 2014 年 9 月平均减少出库流量 638 立方米每秒，减幅达 56%，有效地控制了水库水位消落速度。

2014 年，时任汉江集团公司、南水北调中线水源公司董事长、党委书记的胡甲均多次在会议上强调，要将"保通水"作为首要的政治任务。汉江集团根据水库来水情况，按照"基本满足汉江中下游生产、生活及河道生态用水需求，汛前不单独安排发电用水，汛期严格控制发电，尽量抬升水库水位，使其尽早达到南水北调中线一期工程全线充水试验的水位要求"开展水库调度工作。丹江口水库 2014 年 1—9 月平均下泄流量仅为 445 立方米每秒，甚至有部分时段低于 300 立方米每秒，较多年均值 1130 立方米每秒减少 60.6%。为保通水，丹江口水库维持如此低的下泄流量，汉江集团牺牲自身发电效益，目的是在来水偏枯情况下，既保障下游生产、生活及生态用水，又为丹江口水库"憋"水。

目前，汉江集团正在围绕合理用好这一库清水，抓紧进行《供水期水库兴利调度方案》的研究工作，对向北方调水、下游地区用水、发电计划如何合理调度和分配等进行"一揽子"的统筹和规划。

从 2013 年 9 月起，汉江集团就开始大幅度调减发电量，为蓄水减少发电耗水量。2014 年，水库死水位从初期工程的 139 米过渡到后期工程的 150 米，需约 55 亿立方米的水量垫底。为了确保通水目标的顺利实施，汉江集团主动将 2014 年的年度计划发电量按照基本保障中下游生态用水的调度方式调减至 24.5 亿千瓦时，实际发电量截至 10 月 31 日不到 12 亿千瓦时，预计全年发电量不足 15 亿千瓦时，比计划年发电量 24.5 亿千瓦时减少 38.8%，较多年均值 38.3 亿千瓦时减少 60.8%，成为历史上发电量最少的一年。在当时水库水位较高的情况下，为了保障通水，丹江口水力发电厂 6 台发电机组仅维持 2 台机组发电。

发电减少给汉江集团带来了极大影响，集团在 2013 年出现了历史上首次亏损。由于水库下泄流量的减少，除丹江口水力发电厂收益减少外，自备防汛电厂也只能单机运转，水库下游王甫洲电站 2014 年与往年同期相比发电量也至少减少了 40%。同时，2013 年、2014 年汉江集团"直供电"减少，"倒送电"增加，铝业公司、电化公司等汉江集团的工业企业用电成本剧增。一方面，汉江集团主动关停了工业企业约 50% 的产能，铝业公司设计产能从 12.5 万吨调减至 5 万吨，电化公司 4 台密闭炉只有两台运转，企业为此减少收入约 8.26 亿元；另一方面，汉江集团多次赴省电力公司沟通，协调丹江口电力直供区 3 县（市）降低用电负荷，大幅降低了电力直供区的用电需求，直接影响了发电收益。

面对从未出现过的连续亏损，汉江集团全员减薪 30%。面对着自身付出了巨大牺牲、艰难等待而蓄积起来的一库清水，汉江集团人心中百感交集，使命与荣光共有。当众多媒体前来采访，谈到发电的减少、企业的亏损，汉江集团人始终以大局为重，铿锵有力地回应道："保通水，这是我们应该担负的责任。"

为了检验南水北调中线总干渠质量，按计划在通水前要进行总干渠充水试验。胡甲均指出："通水前的充水试验是当前工作的重中之重。汉江集团将一如既往发扬'顾全大局'的精神，统筹兼顾保供水、保通水、保下游人民生产生活、保防洪安全的目标任务，合理调度，确保通水目标的顺利实现。"2014年5—8月，丹江口水库来水偏少，水位抬升缓慢，始终未升至143米，尚达不到向北方自流输水条件。为了完成充水试验，确保如期通水，5月29日，汉江集团与南水北调中线干线工程建设管理局签订了《南水北调中线总干渠充水试验丹江口水库供水协议》，承担起向中线总干渠充水实验供水、保证充水试验顺利实施的任务。供水期间，汉江集团水库管理中心、水库调度中心积极配合，密切关注供水调度动态，每日及时测量、汇总和报送清泉沟、陶岔渠首的水量、流速信息，及时向上级有关部门通报供水信息。10月23日，随着陶岔渠首闸的关闭，丹江口水库向南水北调中线一期工程总干渠充水试验供水圆满结束。

2014年夏季，河南省出现了严重旱情，尤以平顶山市为甚。在长江防汛抗旱总指挥部（简称"长江防总"）的安排和部署下，在丹江口水库尚处于死水位以下运行的情况下，从8月6日开始向平顶山市应急调水，截至9月20日累计调水5010万立方米，为平顶山市城市生活用水解决了"燃眉之急"。事后，河南省防汛抗旱指挥部办公室、平顶山市人民政府给汉江集团送来了锦旗和感谢信，由衷地表达百万鹰城人民的感谢之情。感谢信写道："在平顶山市供水困难加剧的关键时刻，汉江集团领导念河南之所急，解地方之所难，为群众之所需，在丹江口水库蓄水不足的情况下，不讲条件，不计成本，及时开闸放水，全力支持向河南省应急调水，并于8月7日开始从丹江口水库调水，通过南水北调中线总干渠向白龟山水库补充水源，有力地保障了平顶山市城市用水安全，得到了平顶山市人民政府和市民的一致称赞。你们用行动全力支持了河南省抗旱，积极践行了群众路线，充分展现了中华民族'一方有难，八方支援'的传统美德。"

汉江集团主动做好丹江口水利枢纽安全工作，确保水库水质、蓄水、供水安全，使丹库之水掬之可饮。

确保丹江口水利枢纽安全度汛是首要任务。丹江口水利枢纽防汛指挥部每年都组织对枢纽、库区开展汛前、汛后安全大检查，并建立了丹江口水利枢纽防汛体系。经长江防总批准，从 2008 年起把陶岔、清泉沟纳入防汛体系中，为陶岔提供水情信息预报和防汛专项物资及技术资料。

汉江集团在长江委的指挥下，筹建了水库水利综合执法支队，积极行使库区管理职责，加大水政执法力度，贯彻落实最严格水资源管理制度，加强取水许可现场监督管理，保护水库库容、防洪安全和水质稳定。2014 年，汉江集团参加了长江委组织的丹江口水库"打非治违"专项执法行动，及时查处库区水事违法行为。为全面掌握库区主要取水单位的基本情况，推进水库水资源的统一管理和合理利用，汉江集团对库区规模以上的取水单位进行了调查，编制调查报告，督促按照长江委批复的取水计划取水。

面对大坝加高后的新水情，按照《丹江口水利枢纽大坝加高工程蓄水安全监测技术要求》，汉江集团从 2014 年 9 月开始对坝体增加了监测和巡检的频率和力度。监测频次以上游水位达到 167 米高程为限，在 167 米高程以下各种监测项目的观测频次由原来的每月 1～2 次增加到每月最少 3 次；当上游水位达到 167 米高程以上时，监测项目的观测频次则增加到每周至少 1 次；巡检则由原来的每月 2 次增加到现在的每周 2 次。当上游水位每天上升 1 米或下降 0.5 米以上以及水库遭遇特殊情况时，所有的监测项目及巡检则变成每天 1 次。2014 年 11 月，坝体各监测系统项目已全面展开，汉江集团正组织人员采集、分析原始数据，以获取更翔实的水位快速上涨期的监测资料，为评判大坝蓄水安全提供依据。

2014 年秋汛期洪水消退后，汉江集团和地方政府立即组织对大坝管理区域实施"清漂"行动，上游坝前沿岸附近大部分漂浮物已清理干净，汉江集团将继续密切关注上游坝区沿岸漂浮物堆积和滞留情况随时安排清漂。

为了确保枢纽运行和供水安全，汉江集团保卫处设立了大坝和电厂 2

个警务区，加强了对坝区的巡逻、检查；经与武警湖北省总队协商，调整和增加了驻坝武警执勤哨位；根据大坝反恐要求，下一步还将在大坝左右岸共6.5千米的封闭区域改建钢网围墙，构筑大坝封闭区域；在封闭区周界、坝面、重要交通道口等安装视频监控系统，着力通过"人防""物防""技防"手段，打造覆盖全面的枢纽安全保卫网络。

2016年2月15日，雨水节气前夕，天气依然寒冷刺骨，汉江集团保卫处（丹江口市公安局丹江口分局）警务专班民警脱去上衣，跳入冰冷汉江水中，动手清理丹江口大坝下游禁区的违规船只停靠驻船石。经过一个多小时清理，大坝禁区隐患得到排除，而此时民警们手脚冻得通红、嘴唇发抖……

这只是汉江集团人履行"为国保障水安全"神圣使命的一个最平常的举动。

一滴水珠可以折射出太阳的光芒。汉江集团用无数平常的行动，忠实履行着南水北调中线水源地——丹江口水库运行管理职责。如今一路欢腾北上的汉江水见证了汉江集团在保供水方面的责任与担当。

酝酿半世纪，鏖战十余载。2014年11月1日至2015年10月31日，南水北调中线工程迎来第一个水量调度年，正式开启了"调水元年"。

调水元年，千里汉水浩浩汤汤，奔涌北上，供水21.67亿立方米，润泽华夏北方4省（直辖市）近亿人民，充满生机活力的"调水梦"映托着伟大辉煌的中国梦。

调水元年，中线工程初试牛刀，打破"无水可调"的种种传言，向世界展示出当今中国最浩大的水利工程运行后所发挥的巨大社会效益、生态效益及经济效益。

调水元年，汉江集团、中线水源公司——水脉源头供水人在供水调度无先例可依，调度规程尚在编制，丹江口水库主汛期来水特枯的重重困难下，克难攻坚，圆满完成年度供水任务，开创中线供水模式先河，承载家国责任，将无数奉献、牺牲悉数化为那一渠汩汩涌动的清流，为干涸的北方大地奉送一脉湛蓝的希望。

第一个水量调度年，加高后的丹江口大坝第一次接受洪水考验，汉江集团在力保丹江口水库安澜的总基调下，唱响"保供水"的序曲。

2015 年 8 月 4 日晚，丹江口市狂风大作、暴雨倾盆，一场防汛应急"练兵"就在这极端天气下打响。时任丹江口水利枢纽防汛指挥部指挥长、丹江口水利枢纽管理局局长、汉江集团公司总经理的胡军一声令下，应急演练迅速启动。22 时，防汛指挥部紧急通知各成员单位负责人；22 时 15 分，电话通知完毕，各成员单位快速集结就位，在各自防汛责任区里"操练"起来；22 时 30 分，防汛各单位负责人全部到位，并简要汇报防汛抢险预案应急突发事件执行实施情况。

汉江集团始终确立"防大洪、防大汛、抗大灾"的防汛思想，应对2015 年汉江流域可能出现的类似 1998 年的大洪水。在长江防总的指导下，汉江集团制定了《丹江口水库 2015 年汛期调度运用计划》《应对超标准洪水防汛应急预案》，及时开展汛前检查，多方投入资金储备防汛物资，增加加高后的大坝监测工作频次。汛前，在确保后期供水安全的要求下，汉江集团精心调度，逐步消落水库水位，腾出防洪库容。6 月下旬，水库上游发生持续降雨过程，水库迎来 2015 年首场洪水，7 月 1 日，洪峰流量达 6600 立方米每秒，水库充分发挥拦洪削峰作用，将入库洪水全部拦蓄。

中线工程通水后，丹江口水库就成了受水区人民用水的"大水缸"。丹江口水利枢纽新增供水职能后，防洪与蓄水、供水与发电、中下游用水及北方用水等矛盾日益凸显，枢纽管理、水库调度形势更为复杂，确保"水缸"持续充盈，"有水可调"成为水库调度与防洪"并驾齐驱"的责任。

两年来，丹江口水库来水形势的"丰枯急转"，让经验丰富的"老调度"也连连称奇。汛情的急转变化意味着"保供水"工作复杂性、艰巨性的骤增。

2014 年是中线通水的关键性年份，来水情况"前枯后丰"，即 2014 年 1—

8月，丹江口水库来水严重偏枯；9月，一场"华西秋雨"带来丰沛的水量，使中线通水有了可靠保障。

然而，2015年，水库来水又陡然逆转，呈现出"前丰后枯"态势。2015年上半年来水基本与预测相符，丹江口水库累计来水154.19亿立方米，较多年同期偏多32.4%。然而，主汛期来水形势急转直下，7—9月连续来水特枯，来水偏少70%以上，供水保障压力陡增。其中8月平均入库流量仅为602立方米每秒，为1974年建库以来倒数第3低值。

面对丹江口水库历史上罕有的从来水特多急转至来水特少的情况，汉江集团领导多次在会议上掷地有声地宣布："要将'保供水'——完成年度供水任务作为集团首要政治责任。"

"六月的天，娃娃的脸"，说变就变的来水形势，要求水库调度必须根据上游、库周水雨情变化及时、精准、快速地调整计划，才能"全力以赴保供水"。按照上级部门指令，2015年1—3月，丹江口水库以供水调度为主，逐步消落水库水位。4—5月，为汉江中下游春灌关键期，水库调度以满足汉江中下游春灌需求为主，同时兼顾电网需求。主汛期6—9月，以确保枢纽防洪安全为首要任务，同时保障南水北调中线供水及汉江中下游供水需求。7月中旬以后，为控制库水位消落，维持较高库水位和充足供水水量，集团逐步减少发电量，断崖式下调水库下泄流量，从7月初的1800立方米每秒减少到10月的450立方米每秒。11月以来，按极限最小下泄流量400立方米每秒控制运行，尽量控制库水位下降速度，为中线供水预留水量。

科学调度是保障。统筹兼顾、周全部署的水库调度计划不仅圆满完成了调水元年的供水任务，还为完成第二个供水年度的供水任务奠定了基础。2015年末，库水位控制在152.53米，水库及上游梯级共蓄水约60亿立方米，完全可以满足中线工程2016年年度总调水量37.7亿立方米的需求。

据统计，截至2016年2月28日，中线工程共向北京、天津、河北、河南4省(直辖市)调水超32亿立方米,工程运行安全平稳,水质稳定达标。闪亮数字见证着汉江集团舍我其谁的牺牲精神和勇于担当的实干精神。

丹江口水库增加供水职能后,作为一个以发电效益为主要利润来源的企业,2013年、2014年集团连续遭遇亏损。尤其在2014年,集团进入有史以来经营形势最为艰难的"严冬",面临经济全面亏损的不利形势。2015年是南水北调中线工程通水后的第一年,是集团总部搬迁的实施年,也是全面深化改革的攻坚年,汉江集团面临着丹江电厂年均发电量减少、产业转型升级阵痛、前期资本扩张消化等多重压力。同时,作为一个具有50多年历史的老国有企业,人员多、负担重。

困难面前不说难。汉江集团始终站在"为国保障水安全"的高度,顾全大局、破釜沉舟,为了完成年度供水任务,主动牺牲企业利益和职工利益,大幅压减发电,调减工业企业产能,一切为"保供水"让路,一切为"保供水"服务。

汉江集团还主动与直供区、引丹工程管理局等单位协调,共同为中线供水蓄积水量:要求淅川、丹江口供区县市压减用电负荷;要求库区各取水单位严格按照用水计划取水,提高用水效率、强化节水监督管理;紧急发函襄阳市引丹工程管理局,建议降低清泉沟引水流量,共同努力维持丹江口水库水位。

"无论企业做出多大牺牲,也要全力以赴保供水。"汉江集团人识大体、顾大局,义无反顾承担着水管单位的报国使命。在汉江集团2016年工作会暨第四届职代会第二次会议,代表团分组讨论会上,许多党员、职工代表表态:"'保供水'将是今后所有工作中一等一的大事,发电和工业效益减少将成为新常态,对我们职工来说,工资待遇很可能也会随之下调,但我们已经做好了今后过'苦日子''紧日子'的心理准备。"

汉江集团"保供水"工作的赤诚之举,社会各界有目共睹。水利部前部长陈雷曾批示:汉江集团顾全大局,做出牺牲,值得充分肯定。

（四）有法可依：制度发力，长效守护

取水与供水、上游与下游、主干渠与其他取水口……近几年，丹江口水库的取水和供水的"朋友圈"在逐渐扩大，中线通水后，各方利益需求、矛盾浮出水面，汉江集团、中线水源公司作为供水单位，积极主动参与协调各方关系、理顺供水调度流程，科学调度水量，保证"水脉"通畅无阻。

中线供水有法可依，"水脉"运行才更持久。2014 年 10 月，在水利部和长江委指导下，确定由汉江集团公司作为取水主体，依法申办了陶岔渠首枢纽取水许可证，完善了南水北调中线工程取水和供水的法律手续。汉江集团和中线水源公司联合与中线干线局签订了《干线工程充水试验供水协议》和《2014—2015 年度供水协议》，为充水试验、通水试验和正式通水奠定了准市场机制运行的基础。2014 年 12 月 26 日，国家发展和改革委员会（简称"国家发改委"）发布南水北调中线工程水价文件，按供水协议约定，及时启动了补充协议谈判工作，争取早日实现水费收入，确保水源工程正常的运行维护费用。

完善供水内部管理组织结构，统一决策，上下"一盘棋"。在长江委的指导下，汉江集团和中线水源公司共同成立了中线水源供水领导小组，负责供水管理的内部决策和外部协调，在集团内部理顺了调水体制。

理顺供水调度运行机制，流程清晰，过程顺畅。按照长江委的授权，汉江集团、中线水源公司与中线干线局、陶岔建管局协商建立了陶岔渠首供水调度流程：由中线干线局发出调度请求，汉江集团、中线水源公司审核后发出调度令，陶岔渠首严格执行供水调度令并及时反馈执行情况。

无论是新春佳节的团圆时刻，还是夜深人静的凌晨时分，为确保及时准确地收发供水调度信息，汉江集团供水调度人始终坚守在岗位上。他们不分节假日 24 小时值班待命，密切关注并充分协调各方取水需求，科学编制各方取水计划；密切监视陶岔渠首供水信息，确保渠首严格执行中线一期工程水量调度计划，并科学编制月度水量调度方案及时报长江委审批，保证优质足量供水。同时，要求清泉沟、刁河灌区等取水单位安装符合标准的水量计量设施，及时提供供水信息。

此外，《丹江口水利枢纽水库调度规程（试行）》编制工作抓紧推进。汉江集团配合长江设计集团有限公司（简称"长江设计集团"）进行基础资料分析研究和规程编制，调度规程修改稿已经通过委内审查。

汉江集团还在丹江口水库信息化建设上不断加大投入，为中线供水提供更为及时、精准的水情、雨情信息，先后开发和引进了丹江口水库防洪兴利调度系统、水情信息交换系统等水库管理调度应用系统，极大地提高了供水调度的自动化水平。

"水脉"的通畅、水源的充足为焦渴的京津地区带来新活力、新生机。自中线工程通水以来，北方受水区用水安全系数大大提高，受水区社会效益、生态效益、经济效益逐步凸显。北京市自来水供应的六成以上是汉江水，中心城区供水安全保障系数从原来的不足 1 提高到了 1.2。汉江水进入北京后，北京地下水 16 年来首次回升，地下水埋深回升了 15 厘米。天津市城市供水初步形成了引江、引滦双水源供水的格局，目前汉江水已占到天津市城区用水的 80% 以上。

丹江口水库供水调度的及时、有效也为汉江中下游地区带来福祉。2016 年 2 月底，汉江沙洋、钟祥、潜江河段发生小面积"水华"现象。为消除"水华"，保障供水和生态安全，根据长江防总指令，自 2016 年 3 月 1 日 10 时起，丹江口水库和王甫洲梯级枢纽出库流量同步加大至 600 立方米每秒，之后按日均流量 600 立方米每秒下泄，以丹江口水库的清洁水源消除"水华"对汉江下游群众饮水安全的威胁。

千里北送的汉水让受水区人民喝上了"好水"，输送的水源水质始终稳定在《地表水环境质量标准》（GB 3838—2002）Ⅱ类以上。经年累月喝盐碱水的京津百姓欣喜地说："以前的水有味儿，烧开的水只有沏茶喝才能把味道压下去。现在这水，不仅没怪味，连水碱都没有，真是'农夫山泉有点甜'！"

哪得渠水清如许？为有丹江口水库源头活水来。汉江集团着力打造机制运行顺畅、可持续的供水模式，将维护平安坝区，库水掬之可饮，建设美丽大坝，作为丹江口水利枢纽永葆生机与活力的可持续发展动力。

统一管理、运行顺畅的中线水源工程运行管理体制是清水永续北送的根基。2015年，汉江集团开展了管理体制研究，从工程历史和现状、功能和效益角度，充分论证水源工程与干线工程管理机构分设的必要性，全力争取中线水源工程一坝一库统管。汉江集团分别向长江委、水利部、国家发改委调研组、全国政协调研组提交了水源工程运行管理体制建议和意见。在鄂北地区水资源配置工程全面开工之际，汉江集团主动编制了清泉沟取水口工程管理专项设计报告，积极争取水利部、长江委支持，经过多次协商，促成湖北省水利厅同意汉江集团代建清泉沟取水口工程，水利部明确取水口建成后由丹管局管理。

库区巡查

定期执法巡查、解译卫星影像、组织地方政府现场核查……2015年，汉江集团水库管理中心在排查库区涉水违法项目上"打非治违"的雷霆行动从未懈怠，共核查违法项目33项，并将核查情况及时报告了长江委水政监察总队。"打非治违回头看",敢于亮剑,重点督办未整改的违法项目,完善执法长效机制,维护水库正常水事秩序。

为丹江口水库水资源监管和配置"当好哨兵"。汉江集团配合水利部和长江委开展了汉江流域实施最严格水资源管理制度试点中期评估工作,协助建立了汉江流域水资源管理与保护联席会议和会商制度。汉江集团还专门对库区规模以上取水单位进行了全面排查,摸清了家底,并建立了取水台账。加强监管,对清泉沟取水口进行了取水量复核监测,督促其建立规范的水量计量和监控设施。

甘当坝区安全"守航人"。汉江集团保卫处成立了大坝警务区,专门负责整个大坝封闭区域内的安保工作,多次开展专项整治行动,严厉打击禁区内网箱养鱼、捕鱼、垦荒种菜等行为。中线水源公司投资安装了总长6.5千米的坝区安全防护"天网",坝区原有围墙全部改建成2.5米高的钢结构围栏,顶部加装0.5米高的蛇腹形刀刺网,还将沿围栏及坝面安装70多个高清摄像头,实现坝区全覆盖。鉴于南水北调中线水源工程的重要地位,汉江集团联合相关部门形成了各种保卫力量各司其职、联动防守的安保、反恐体系,不断升级人员装备、防范力量及运行机制。

大坝高了,坝区"靓"了。2015年,汉江集团列出专项资金,用于坝区绿化、环境整治及坝前区域改造,坝区、库区呈现出"江山如此多娇"的全新图景:坝区两岸规划区域以自然生态条件为基础,通过改善土壤条件,营造了右岸樱花林、左岸银杏谷、尖山疏林草坪的自然景观,打造了绿树成荫、花叶汇海的水源地"绿色新名片"。坝面花团锦簇,江山如画,形成了乔灌草、高中低、多层次的视觉美感。"美丽大坝"工程使坝区内新增绿地220余公顷,构筑了呵护水库水源的绿色生态屏障。

一渠,连通南北1432千米。

一路,风雨走过50余年。

既然选择了责任,便不顾风雨兼程。水脉源头供水人奉送的是"滴滴皆辛苦"的生命之源，是"清水永续北送"的铮铮誓言，更是对社会、国家和人民的责任与担当。汉江集团开启的"调水历法"将光照未来，和丹江口库区移民精神一道，共同书写中国水利工程史上的不朽篇章，共同造就波澜壮阔的中国"水利梦"。

截至 2020 年 10 月 31 日，丹江口水库 2019—2020 年度供水胜利收官。全面完成供水任务的背后，镌刻着汉江集团"为国保障水安全"的初心使命，每一滴北送的清水中，更凝结着"汉江人"只为源头清水潺潺的担当和奉献。

（五）危难担当：疫情期间的坚守

2020 年初，新冠疫情席卷全国，湖北省也深受其害，2—3 月库区各市（县）之间车辆、人员流动受限，无法开展现场巡查。尤其是河南区域，湖北的车辆和人员无法进入。根据 2019 年巡查情况，部分违法项目未得到有效处理，部分涉河建设项目也未停工。

疫情防控责任如山，守护一库清水更是责无旁贷！办法总比困难多，2 月 20 日，汉江集团紧急联系水利部信息中心，提供了所需库区卫星影像的序列号，商请推送相关影像原文件。水利部信息中心克服困难立即安排专人获取相关卫星影像资料，次日下午，汉江集团就收到了相关资料。身在丹江口、仙桃、孝感、武汉等地的水库管理人员立即通过视频会议，分配影像解译和图上巡查任务。22 日，影像解译和图上巡查即完成，新发现的疑似项目及时发送至地方水行政主管部门，要求通知所在乡镇及时开展现场核查处置。

3 月下旬，遵照地方疫情防控要求，汉江集团联合中线水源公司、地方水行政主管部门开展水法规宣传和库区巡查工作。疫情期间餐饮店均未开业，巡查组一行只能在库区开阔地吃自发热米饭和泡面。工作人员笑言："这顿饭吃得格外舒心和开心，一是查看了现场，新发现的村民私自组织的孤岛开发项目得到了有效制止；二是有机会和大家在这绿水青山间享用午餐，真是美哉。"

4月初，全国各行各业逐步复工复产。汉江集团立即召开会议，要求重点排查库区河南区域项目情况，抓紧联系赴河南现场巡查事宜。根据河南省疫情防控要求，湖北省尤其是武汉市人员赴豫须经严格审查，并提供7日内核酸检测报告。经核酸检测并完善相关报批手续后，4月14日，汉江集团联合中线水源公司、淅川县水利局，重点对丹江口水库河南区域内2019年长江委通报要求整改项目进行现场核查，督促相关项目按时整改。

自2014年通水以来，汉江集团始终坚持站好丹江口水库的"第一岗"，当好水源地的"哨兵"，坚持每月开展库区巡查，及时向长江委汇报巡查情况，适时联合地方水行政主管部门开展库区巡查、共享巡查资料，对侵占库容、分割水面和可能影响水质的行为力争做到早发现、早制止、早整改，全面加强库区监管，确保防洪和供水安全。截至2020年10月31日，汉江集团已配合长江委开展水库专项执法检查3次，现场检查项目43个；联合地方河长办及水行政主管部门开展巡查14次，现场制止违法项目6个。

绿水青山就是金山银山。"汉江人"始终坚持走"生态优先、绿色发展"的生态之路，把保护水源、守护一库"绿水"作为时代使命，坚持守护好汉江中下游和受水区人民最大的财富和福祉。每天开展水库水质监测，确保水质优质达标，筑牢保水的第一道屏障。自动监测船实时采集坝前断面水质，2020年2—7月实施加密加项监测，应对新冠疫情之下可能存在的水质安全风险。

实行水库常态化巡查，及时发现处置可能影响防洪、供水的行为则是第二道屏障。10月27日早上8点整，踏着蒙蒙秋雨，库区巡查的队伍准时集结向目的地挺进，根据事先通过卫星遥感影像发现的疑似点，联合地方河长办、水行政主管部门等现场核查违法项目，现场责停，限期整改。当天巡查库岸线400余千米，跨3区（县），返回到驻地时已是晚上8点。

刚刚过去的2019—2020年，汉江集团巡查库岸线38400千米，水域

9635平方千米，向长江委提交巡查月报11份，向地方发送水库管理工作简报7份，及时发现解决库区问题的同时，也使库区周边政府和人民一道转变观念，促进了库区绿色发展。

2020年3月，正是新冠疫情期间，南水北调中线一期工程加大流量，输水工作紧锣密鼓地进行着，汉江集团主动作为，提前开始值班值守，24小时在岗值班开始时间提前至5月初，较以往年度提前一个月。强化水库供水保障，5月17日汉江中下游供水流量由800立方米每秒左右调减至600立方米每秒，5月19日继续调减至500立方米每秒，有效缓解了水库水位消落速度过快，为实施2020年加大流量输水创造条件。2020年3月13日至6月25日，陶岔渠首供水量为34.1亿立方米，平均供水流量375立方米每秒，其间按照设计流量350立方米每秒、加大流量420立方米每秒分别输水95天、43天。

南水北调工程是中国水利史上的鸿篇巨制，是世界调水史上的不朽传奇。成千上万工程建设者的辛劳，几十万移民的牺牲，"水脉"源头人的不计得失，共同的舍弃与奉献、责任与担当，为中国北方送去了清冽、甘甜的生命之源。江河浩荡，碧野无际，"水脉"源头人的守护与奉献只是这浩荡江河中的一脉细流，却展示了水润万物而无声的无言之境，护万物而不歇的磅礴之气，利万物而不争的上善之美！

三、防汛救灾：大智大勇抗大洪

（一）汛情回顾：2016年夏汛

2016年7月，与长江中下游来势凶猛的洪水形势迥然不同的是，进入主汛期后，汉江上游来水整体偏少，丹江口水库为确保供水安全，水库水位一直向上"憋"。到7月8日水库水位上涨至153.79米，较汛限水位低6米多，水库汛限水位以下仍有45.6亿立方米库容，然而汉江集团却始终紧绷"防汛是天大的事"这根安全弦,并未因水位较低而松懈,防汛备汛工作自上而下有序推进。

7月5日8时,水库调度中心预报调度科职工朱丹已经在防汛值班的工作岗位上坚守了整整24小时。尽管她看起来有些疲惫,但她仍然在键盘上不停地忙碌着,以便将每天的水雨情信息尽快计算和分析出来,并及时向长江防总与省电力公司传送。她还要时不时接听丹江电厂负荷调整和机组开停机的电话信息,确保水库按照要求进行下泄。朱丹说:"从6月1日开始,我们就实行24小时防汛值班,由于现在是在武汉和丹江两地办公,人手有些不足,有时候不得不连续值班24小时。有时吃饭、睡觉都在值班室里,以便及时掌握水库水雨情信息和电厂的发电水量信息,随时收发水调和电调信息,协调电厂发电。"

作为汉江集团防汛工作的核心单位,进入主汛期后,水库调度中心显得更为忙碌。他们正密切关注水雨情变化,根据当前水情,合理利用水资源,对水库进行科学调度,在保证防洪安全的前提下,尽可能发挥兴利效益,满足南水北调中线一期工程供水和汉江中下游用水需要。

严格执行应急调度指令和发电计划,合理控制水库水位,保障南水北调中线工程供水安全。从2015年11月开始,水库调度中心就积极与湖北省电力调度中心协调,使丹江电厂尽量承担基荷,尽量保持下泄流量稳定,按长江防总的应急调度指令以及长江委批复的发电用水流量控制发电。同时与丹江电厂积极沟通,实时掌握电厂发电出力,确保水库日平均下泄流量与长江防总的应急调度指令和长江委批复的发电用水流量基本一致。通过一系列精细化调度举措,水库水位始终未降至死水位150米以下,本供水年度已足额向北方供水超过23亿立方米,保障了南水北调中线工程供水安全。

"好,你们提要求、出图纸,就按你们说的办,将来有什么问题,怎么办?"丹江电厂修配分场副主任蔡兵说这话的时候脸色和这天的天气一样，眼见得有点"阴云密布"了。7月7日一大早，丹江口大坝24坝段检修门槽前，一次关于如何改造闸孔格栅盖板的"智力众筹"悄然拉开序幕。此次改造工作的"业主方"起运分场、"施工方"修配分场和"协调方"电厂专职工程师，共同掀起了一场"头脑风暴"，为如何将防汛设施改造得更加安全、便捷、美观而激烈"交锋"。

而在基础廊道里，监测分场从兄弟单位抽调的部分职工正在学习使用水准铟瓦尺进行大坝水准测量。监测分场党支部书记池爱姣说："这是在为水库蓄水试验做好准备，一旦水位起来，大坝要增加监测频次，我们现有人手力量不够，所以从其他单位抽调了一部分人员进行大坝监测工作的培训，增加监测队伍的力量。"

这些只是丹江电厂进行防汛设备维护和监测的小画面。此前，电厂就已经对枢纽泄洪设施、配电系统、安全监测系统、供排水系统等进行了例行维护，深孔泄洪系统于5月20日前具备泄洪条件，堰顶泄洪系统于6月20日前具备泄洪条件。作为防汛一线部门，起运分场要确保防汛主设备完好率达100%，还开展了多次防汛应急演练。分场严格实施汛期交接班、设备试车运行制度，人员严守汛期工作纪律，防汛物资备品、备件准备充分到位。

（二）汛情回顾：2019 年汛情

每年的汛期结束，就意味着下一个汛期的开始。2019年，汛期共发生2场洪水，一次入库洪水总量为37.5亿立方米；另一次入库洪水总量为58.6亿立方米，洪峰流量16000立方米每秒，削峰率为52%。汛期汉江中下游河道水势平稳，安全度汛，枢纽防洪效益显著。2019年，丹江电厂针对2018年防汛工作中设施、设备检修、协调配合等方面存在的薄弱环节进行了完善和强化，取得较好成效。

"我们在防汛、发电方面严格执行长江委防汛调度指令和省调度中心发电调度指令，实施精细化调度，确保闸门及时准确启闭，优化发电出力，确保水库防洪安全和发电效益的同时，也保障了供水安全。"丹江电厂副厂长汪术明介绍。

丹江口大坝泄洪

按照丹江口水利枢纽防汛指挥部要求，丹江电厂在汛前就及时成立了防汛领导小组和防汛抢险突击队，对防汛组织指挥、安全巡视、日常监测以及后勤保障等做出明确分工。在主汛期来临前，丹江电厂还按照2020年度演练计划积极组织完成了深孔启闭故障应急处置演练等一系列演练，提高了电厂应对防汛事故的快速反应能力和应急处置能力，为确保防洪度汛安全筑起了一道牢固的"防汛墙"。

"我们的水库调度自动化系统主要收集汉江流域上下游的水雨情，监测丹江口水库运行情况，动态了解整个集团所属企业工况、机组状态等。你看，这是丹江口、小水电、王甫洲等各个电站的坝上水位、坝下水位、入库流量等，除此之外，汉江上游电站的信息我们也都要掌握……"在汉江集团水库调度中心防汛值班室，水库调度中心调度科科长胡永光鼠标轻轻一点，汉江流域各电站水情信息以及汉江流域库周遥测站情况等在电脑屏幕上的水库调度自动化系统上清晰展现。

"我们在汛前、汛后要做好遥测各系统巡检，确保各个测站运行稳定正常，汛期数据能及时送达。我的手机每天都会收到预警系统平安报信息，如果是正常回应，就表明它是正常状态。如果异常，我们就要立即打电话询问或到现场测试。"在胡永光认真查看水雨情的同时，遥测通信科科长李忠正则在密切关注着手机接收到的防汛预警系统状态。

为确保防洪度汛安全，水调中心全体人员按照防汛值班安排表在武汉、丹江口两地之间来回奔波，每天24小时不间断值班，用他们的"火眼金睛"密切监视水雨情，会商分析研判水雨情发展趋势，并将丹江口水库运行信息按时上报长江委等上级单位，为确保汉江中下游安全当好水库水雨情预报员和调度员。

按照水利部、长江委在多轮滚动会商中强调的"要统筹上下游，及时优化方案，精细调度三峡、丹江口等流域重要水库"的重要指示，汉江集团自2019年5月20日进入汛期以来，严格实施领导带班和各运行单位24小时防汛值班制度，确保枢纽安全度汛及应急指挥责任的落实。汉江集团领导多次带队开展防汛备汛检查，督促指导防汛备汛工作。汉江集团防汛相关部门和单位各司其职、强化保障，组织力量加强巡查维护、监测和应急值守，保障防汛信息及调度指令的及时上传下达和高效运转。截至8月4日，汉江集团召开防汛会商会3次，落实汛前检查发现问题整改19项，为确保丹江口水利枢纽安全度汛奠定了基础。

"要全力做好枢纽及库区的安全度汛工作，严格落实防汛工作责任，切实抓好隐患问题整改，不断完善防汛方案预案""要立足于'防大汛、抗大灾、抢大险'，扎实做好防汛备汛各项工作，确保枢纽安全度汛……"丹江口水利枢纽防汛指挥部指挥长、丹管局局长、汉江集团董事长、党委副书记胡军，丹江口水利枢纽防汛指挥部常务副指挥长、汉江集团公司总经理、党委副书记何晓东多次针对防汛工作提出具体要求，并督促部门狠抓落实。

面对当时的防洪形势，汉江集团将坚决贯彻水利部、长江委工作部署，始终把枢纽防洪、蓄水、供水安全作为首要政治任务，认真履行防洪首要职责，坚持企业利益服从国家和流域整体利益，为确保枢纽和水库长期安全稳定运行作出积极的努力。

调度大厅里，值班人员正按照上级调令精准调度水库运行；大坝廊道内，枢纽安全监测系统正密切监测着坝体的些微变化；巡查队伍正仔细排查大坝新老混凝土结合处等重点部位的安全隐患……这些是丹江口水利枢纽日常防汛工作的一个个片段，要求立体防护，多重保障，严防死守。

（三）汛情回顾：2020 年汛期

2020 年汛期，丹江口水库共发生 3 场入库洪峰流量大于 5000 立方米每秒的洪水，水库拦蓄洪水 21 亿立方米；配合拦蓄洪量 6.3 亿立方米，缓解了荆州长湖防洪压力。汉江集团站在"人民至上、生命至上"的使命高度，全力确保汉江安澜，山河无恙，谱写了一曲防洪减灾显效益、流域内人民生命财产安全得保障，彰显责任与担当的赞歌。

2020 年初，新冠疫情不期而至，给防汛备汛工作带来不便，但防汛备汛工作已是箭在弦上，蓄势待发。

2020 年初，丹江口水库水位 164.51 米，较去年同期高出 7.77 米，1—2 月受春节放假及新冠疫情影响，湖北省电网电力需求下降，丹江口水库在按计划实施供水调度的情况下，库水位消落缓慢。3 月 1 日 8 时，水库水位消落至 162.5 米，较汛限水位 160 米仍高出 2.5 米，待消落水量 20.93 亿立方米，且汉江上游石泉、安康、潘口、黄龙滩等水库死水位以上蓄水量仍有 25.37 亿立方米。同时长期径流预测结果表明，2020 年上半年丹江口水库来水以偏多为主，水库汛前消落压力较大。

2020 年 3 月初，汉江集团召开视频会商会议，研判水库汛前消落形势。为避免汛前强迫消落而弃水造成水资源的浪费，汉江集团提出了开展丹江口—王甫洲区间生态调度试验的建议。为此，丹江口—王甫洲区间生态调度试验工作被列为 2020 年重点督办事项之一，并快马加鞭地展开。

3 月初完成了《2020 年汛前丹江口—王甫洲区间生态调度试验实施方案》；3 月 17 日，汉江集团领导组织召开会议专题讨论实施方案并作出相关工作部署；3 月 19 日，汉江集团将实施方案上报长江委，第一时间与长江委防御局、水资源局沟通协调并获批；3 月 23 日至 4 月 30 日，丹江口—王甫洲区间生态调度试验实施。

2020 年 4 月初，长江委党组书记、主任马建华在检查汉江集团、中线水源公司防汛备汛工作时强调，要充分认清 2020 年水旱灾害防御工作的严峻形势，切实做到"用大概率思维防范小概率事件，用万全之策应对万一发生"，全力做好防汛备汛工作。

"大战"在即，厉兵秣马。

汉江集团多次召开专题会议部署备汛工作，细化防范应对措施。集团上下明确了"一手抓疫情防控，一手抓防汛备汛，确保枢纽、电站安全度汛"的工作总目标。

全力克服疫情影响，汉江集团备汛工作紧锣密鼓，强力推进。

强化组织领导，挂图作战。成立丹管局防汛指挥部，2020 年 3 月初即召开防汛工作专题会，细化分解工作任务。印发《汉江集团 2020 年防汛工作安排》，明确责任分工和节点目标，落实丹江口水库"防汛三个责任人""大坝安全三个责任人"。5 月初召开丹江口水利枢纽 2020 年防汛工作会议，对枢纽防汛工作再部署、再动员。

关口前移，补齐短板。4 月、5 月，长江委领导检查汉江集团防汛备汛工作；4 月初，汉江集团领导班子成员率队开展所属电站汛前检查，并完成全部问题整改，集团所属枢纽、电站开展汛前自检……密集扎实的汛前检查将安全漏洞堵塞在汛前。

超前防范，制定"作战图"。汉江集团编制了《丹江口水利枢纽 2020 年汛期调度运用计划》并报送长江委，会同中线水源公司编制完成了《丹江口大坝加高工程年度度汛方案》。

根据长江委批复的 2020 年汛期调度运用计划，在 5 月底前修订完成了《丹江口水利枢纽 2020 年应对超标准洪水防汛应急预案》。

汛前检修，迅速集结。疫情期间，尽管交通封闭，人手不足，但大坝安全监测、巡检从未间断。汉江集团错时安排枢纽安全监测和巡视、巡查，有效保障了枢纽安全稳定运行。汛前完善了防汛调度、通信、洪水预报预警系统，水雨情监测站点数据采集和传输系统，实现与水文局的防汛信息共享。督促各大电厂着力克服疫情影响，在汛前完成所有防汛设备检修计划。丹江电厂完成了 186 项防汛设备设施维修养护，深孔泄洪系统于 5 月 20 日前具备泄洪条件，堰顶泄洪系统于 6 月 20 日前具备泄洪条件，防汛设备完好率达到 100%。

逐项落实度汛措施，防汛物资仓库迁建改造在汛前投入使用，组建防汛应急抢险队伍……汉江集团在做好自身备汛工作的同时，还承担了长江流域片湖北省境内 385 座小型水库、106 座水闸的专项检查，负责河南省、陕西省 10 座大型水库和重点中型水库防洪调度和汛限水位的执行督查，配合开展湖北省内 52 处堤防工程检工检段专项检查等工作，以实际行动助力打赢全国水旱灾害防御战。

一组数据直观地证明了 2020 年丹江口水库调度试验的成效：3 月 23 日，生态调度试验启动时库水位 162.41 米；4 月 30 日，试验结束时库水位 160.23 米，已基本消落至汛限水位。试验多消落库水位 2 米，多下泄水量 16.51 亿立方米，及时腾出了防洪库容，为水库汛期安全度汛奠定了坚实基础，同时大大改善了丹江口—王甫洲区间水生态环境，有效抑制了王甫洲库区水草生长。

"汛"速应对，力保防洪安全洪峰"临门"，请求支援！

7 月，"暴力梅"持续侵袭湖北，荆州长湖水位距离历史最高水位 33.46 米已不到 1 厘米，长湖告急！

发挥丹江口水库强大的拦蓄功能，千里"驰援"长湖，帮助减轻防洪压力，这是2020年长江特大汛情临时给丹江口水利枢纽出的一道"加试题"。

7月11日11时，汉江集团水调中心接到长江委紧急调度指令：长江干流洪峰正在通过武汉江段，同时荆州长湖也发生了超保证水位洪水，为了与长江干流错峰，同时为长湖撒洪创造有利条件，要求丹江口水库出库流量从1500立方米每秒降至500立方米每秒。

汉江集团领导立即对此作出部署：丹江口水库是长江上中游水库群联合调度的重要骨干水库，支援长湖，汉江责无旁贷！

汛情就是命令！汉江集团水调中心立即与湖北省电力公司联系，协商降低丹江电厂发电出力。"短时间降低出库流量，不是关闭枢纽闸门那么简单。"水调中心负责人说，"丹江电厂作为湖北省电网的骨干电厂，大幅降低其发电负荷就意味着省电力公司要立即调整电网运行方式，就要临时增开其他水电站或火电站机组，需要一定的时间来进行调整，其中的协调和转换操作难度比较大。但防汛责任大于天，省电力公司克服困难，当即对电网运行方式进行相应调整，按照调令要求，逐步调整了丹江电厂发电出力。"

汉江集团顾全大局，调减发电出力，7月11日将丹江电厂出力由90万千瓦减小至31万千瓦，同时将丹江口水利枢纽小水电有限公司（简称"小水电公司"）两台机组全部关闭。7月11日13时，丹江口水库下泄流量调整至800立方米每秒，至15时调减至目标流量。在丹江口水库调整下泄流量后，有效降低了汉江干流水位，为顺利实施长湖撒洪创造了有利条件。7月14日14时，长湖水位较7月13日的33.56米下降4厘米。通过丹江口水库6天的压减流量，长湖防洪压力得到缓解。

水利部向汉江集团发来表扬信："汉江集团顾全防洪大局，勇担社会责任，坚决执行水利部和长江委的调度指令，调度丹江口水库配合拦蓄洪量6.3亿立方米，最大调减出力70%，为长湖退出保证水位创造了有利条件，防洪减灾效益显著。"

2020年夏汛，汉江流域来水丰沛，汉江集团所辖水库、电站防汛压力陡增。汉江集团扣牢责任链条，强化防汛会商、带班值守、安全监测、巡检等工作，确保枢纽工程安全度汛。

加强研判，滚动会商。汉江集团进一步加强与国家气象中心、国家气候中心、长江委水文局等单位的合作交流，开展气象趋势预测联合会商，为水库调度运用提供支撑。坚持汛期每周调度会商、汉江集团领导参加会商制度，分析研判后期水库来水形势，部署下一阶段调度工作。

带班值守，整改不停。汉江集团印发了《关于丹江口水利枢纽2020年汛期防汛值班领导带班安排的通知》，从5月1日起实施汛期24小时值班制度，较2019年提前6天。同时，集团公司所辖枢纽、电站坚持全天候开展汛期安全巡检，做到"汛期不过、检查不停、整改不止"。

作为丹江口大坝安全的守护者，汛期，丹江电厂根据汛情及时加密大坝安全监测巡视检查频次，从7月27日开始，安全监测工作由每周2次改为每周3次；8月20日起，巡视检查工作由每周3次改为每天1次，并组织开展了水位超过162米新老混凝土结合部位后特殊情况下的巡视检查。2020年以来，丹江电厂共开展大坝安全巡视检查121次，人工监测数据7万余点次，采集自动化监测数据50万余点次。

入汛以来，王甫洲公司坚持做好枢纽巡查和设备消缺工作，强化防汛应急预案和应急演练，制定了31项应急预案。为检验预案的可行性，公司还有计划地组织开展了泄水闸防汛主电源跳闸反事故演练和2020年度防汛抢险应急演练，切实提高了枢纽应对突发事件的处置能力。

汉江孤山航电枢纽的防汛工作与工程二期截流、首台机组投产发电等工作交织进行。江汉孤山水电开发有限责任公司（简称"孤山水电开发公司"）以"二期围堰防渗施工快速完成、首台机组顺利并网发电，枢纽工程安全度汛"为原则,严格按照领导带班和现场防汛值班制度,有效开展防汛各项工作。

进入主汛期,潘口水库利用防洪调节库容,坚持最大限度地拦蓄洪水,通过削峰、错峰,多拦蓄洪水约1.3亿立方米,充分发挥了水库在堵河流域的"龙头"作用,确保了下游竹山县城的防洪安全。

顺势而为,主动作为,寻求突破,汉江集团在水库科学优化调度方面交出一份满意答卷:汛前水库水位有序消落,汛后保蓄水、供水有力,水库防汛、蓄水、发电综合效益显著。

与此同时,在得到水利部批复及长江委的指导下,汉江集团积极开展丹江口水库优化调度实践。主汛期前,丹江口水库最低水位消落至157.97米,较汛限水位160米多消落2.03米,多利用水量15.93亿立方米。夏汛期,水位浮动至161.5米运行,增加水量8.3亿立方米。通过实施优化调度,充分利用了洪水资源,解决了防洪库容利用效率不高、防洪供水协调存在矛盾、水库汛末蓄水不足等新情况、新问题。

汛后科学调度,力保蓄水、供水。截至10月15日,2019—2020供水年丹江口水库向陶岔渠首供水83.96亿立方米,完成年度正常供水计划的118%,创通水以来新高;向襄阳引丹灌区供水8.26亿立方米,完成年度计划供水量的132%;大小电站累计发电37.1亿千瓦时,较2019年同期多发13.2亿千瓦时。

党旗招展,映红高峡平湖;誓言铮铮,齐心共筑安澜。

夏秋汛期间,汉江集团党委吹响"冲锋号",基层党组织亮出"一个支部就是一座堤坝"的集结旗帜,引导广大党员鏖战、坚守在防汛一线。

组织召唤,主动请缨。8月20日,在夏秋汛过渡的重要阶段,汉江集团党委号召成立汛期党员应急值守、实时调度和险情处置突击队,要求突击队党员在防汛抢险过程中亮身份、树形象,关键时刻站得出来,危急关头豁得出去,奋力夺取防汛工作的全面胜利。汉江集团党员干部主动请缨加入防汛突击队，积极参与防洪抢险工作。

强化监督检查，筑牢纪律"堤坝"。2020年，汉江集团纪委将水旱灾害防御工作纳入日常监督范围，首次参与了汉江集团汛前安全监督检查，实地察看了4家单位汛前工作部署，组成2个检查小组，以"四不两直"方式对8家单位疫情期间的防汛工作情况开展了"飞检"。按照长江委纪检组的统一安排，积极参与南水北调中线一期工程加大流量输水监督检查。汛期，协助长江委纪检组对汉江集团防汛工作开展了检查；以电话抽查方式，对防汛单位的值班值守工作纪律落实情况进行了检查。

危急关头，尽锐出战。"我带头！""我愿意！""我先上！"……在防汛工作最关键、最吃紧的关头，到处都有一线党员昂首逆行的身影。在汛期最为紧张之时，丹江电厂起运分场主任和党支部书记连续2个月在坝上值班值守，几乎没有时间回家休息，他们吃住在坝上，确保能第一时间处理突发情况。7月16日，潘口水库周边区域突降暴雨，因担心山体滑坡，汉江水电开发有限责任公司（简称"汉江水电开发公司"）党员冒着滂沱大雨，对公司去年大力整治的半山腰碎石区域进行检查，当看到防护网完好、周边情况稳定无异样后，他们才放心下山……

防汛期间，党员勇敢逆行的事例比比皆是，他们用坚毅行动筑牢了守护大江安澜的"钢铁大坝"。

每当丹江口水利枢纽泄洪期间，总有市民在江边淡定从容地"看海""自拍"，这就是安澜汉江给予他们的踏实的"安全感"。汉江集团将始终如一地坚守"管好枢纽兴汉江，为国保障水安全"的初心使命，继续用心用情守护好这份事关人民群众福祉、人民至上的"安全感"！

金秋国庆，八方游客争相"打卡"丹江口大坝泄洪雄姿。在热闹喧嚣背后，一支支防汛"铁军"披坚执锐，逆行而上，日夜坚守防汛前沿阵地，只为守护江河安澜、百姓安宁。

2020年汛期，汉江汛情大考突如其来：秋季，汉江流域发生超20年一遇的大洪水，丹江口水库发生 10 年来最大入库洪水、迎 10 年来最大出库流量；丹江口水库秋汛期累计来水量约 340 亿立方米，为 1969 年建库以来历史同期第 1 位；汉江集团所属孤山水库、潘口水库均发生建库以来最大洪水……

然而，是考验也是机遇，部、委"一盘棋"，上下一条心，合力推动丹江口水库水位历史首次达到正常蓄水位 170 米，有力践行了习近平总书记关于南水北调后续工程高质量发展重要讲话精神，进一步推动水库综合利用效益发挥。

汉江集团始终胸怀"国之大者"，落实落细水利部、长江委各项工作部署，全力打赢秋汛防御、蓄水攻坚战，以实际行动兑现"管好枢纽兴汉江，为国保障水安全"的庄严承诺。

（四）汛情回顾：2021 年汛情

2021 年的汛情牵动人心，水利部、长江委、省市各级领导奔赴防汛最前沿指导检查，挺起了秋汛防御、水库蓄水工作的"主心骨"。

国家防汛抗旱总指挥部（简称"国家防总"）副总指挥、水利部部长李国英 3 月调研丹江口水库，对防汛工作作出部署，多次主持召开防汛会商，对丹江口水库洪水防御、蓄水工作提出明确要求，派出工作组赴一线协助指导。在秋汛防御关键期，水利部副部长魏山忠，长江委主任马建华赶赴防汛一线检查指导。

长江委及时启动水旱灾害防御Ⅳ级应急响应，每日滚动会商，及时发布水情预警，科学调度丹江口、潘口等水库拦洪削峰。水利部、长江委派出工作组赴丹江口坐镇指挥，长江委副主任吴道喜多次前往丹江口、孤山、王甫洲现场检查指导防汛及水库蓄水工作。汉江集团视频连线参加水利部洪水防御工作会商……科学研判，周密部署，一条条信息、一道道指令有序发出，汇成了广大党员干部职工的统一行动。

汉江集团主要领导带头带班值守、靠前指挥，班子成员扎根防汛一线督导，将防汛措施落实到每一个环节。

丹江口水利枢纽加高工程

在惊涛拍岸的库区岸边、在深夜的防汛值班室，时任丹江口水利枢纽防汛指挥部指挥长、丹管局局长，汉江集团、中线水源公司董事长、党委副书记胡军一路奔波查看库区巡查及防汛值班工作；汉江集团、中线水源公司党委书记、副董事长舒俊杰深入丹江口水利枢纽各防汛关键部位，现场检查防汛工作；丹江口水利枢纽管理局防汛指挥部（简称"丹防指"）常务副指挥长，汉江集团总经理、党委副书记何晓东在丹江口防汛带班值守2个多月，在会商、检查中，他反复对"强化'四预'措施"进行叮嘱、强调。

一张张防汛、蓄水"作战图"有序实施。汛前，汉江集团修订完善了《丹江口水利枢纽防汛应急预案》，组建了400余人的防汛应急抢险队伍；印发了《丹江口水利枢纽防汛值班工作管理规定》《2021年汛期领导在丹值班安排表》，对带班值守工作提出明确要求。

一次次巡查、检查筑牢立体防线。丹防指组织对丹江口水利枢纽工程进行了现场全面检查，发现问题、隐患立行立改。汉江集团所属电站做好防汛设备日常安全检查和维护，保证防汛设备完好率达到 100% 并安全运行，确保防汛指令按时执行。

一场场防汛会商紧锣密鼓地进行。截至 10 月 10 日，汉江集团共召开 30 余次防汛会商会，组织丹防指成员单位召开防汛工作会议，滚动研判汛情发展态势。

随着丹江口水库 10 月 10 日 14 时首次蓄至正常蓄水位 170 米，汉江秋汛防御工作取得了阶段性胜利。

复盘防汛"成绩单"，浸透汗水与雨水。

汛期，丹江口水库成功拦蓄洪峰大于 1 万立方米每秒的洪水 7 场，大于 2 万立方米每秒的洪水 3 场，成功应对了 10 年来最大入库洪峰 24900 立方米每秒的洪水。2021 年以来，丹江口水库累计拦蓄洪水 98.6 亿立方米，有效降低汉江中下游干流河道水位 1.5 ~ 3.5 米，避免了皇庄以下河段水位超保证水位和杜家台蓄滞洪区运用，极大减轻了汉江中下游防洪压力，防洪效益显著。

孤山航电枢纽成功应对建坝以来最大洪峰 22700 立方米每秒的洪水，确保了枢纽工程及二期围堰度汛安全。潘口水库在成功拦蓄洪峰 5560 立方米每秒五年一遇洪水的同时主动应对上游鄂坪电站溢洪道水毁险情，展现国企担当。

与此同时，水库蓄水工作在部、委领导下，有序推进。

汛前，汉江集团积极参与编制《丹江口水库优化调度方案（2021 年度）》获水利部批复，为 2021 年汛期高水位运用提供重要调度依据；9 月，提前谋划，编制《丹江口水库 2021 年汛末提前蓄水计划》，提前蓄水计划首次获批复同意，为利用 2021 年秋汛期洪水蓄水创造了有利调度条件。

水库蓄水期间，按照规程规范和设计要求，汉江集团制定印发了《丹江口水库蓄水 170 米监测巡查工作方案》，加强蓄水工作的组织领导，落实蓄水巡查工作责任制，对新老混凝土结合面、土石坝和混凝土坝结合部、左右岸土石坝等重点部位进行全覆盖巡查，确保工程运行和蓄水安全。

水库蓄水至 170 米，供水保障能力得到有力提高。近期，陶岔渠首供水流量已增加到 400 立方米每秒，2020—2021 年向北方供水已超 83.7 亿立方米，为通水以来各年度同期最高。

做好"传令员"，力攻最高的"山头"，闻令而动，使命必达。

汉江集团严格执行长江委调度指令，实施上游水库联合调度运用及与汉江中下游错峰调度，灵活调整水库向汉江中下游下泄流量，充分发挥水库拦洪削峰作用，成功应对持续洪水过程和 10 年来最大入库洪水。

9 月 29 日，丹江口水库发生近 10 年来最大秋季洪水，最大入库洪峰流量 24900 立方米每秒，其间最多开启 9 个闸门泄洪，最大出库流量 11100 立方米每秒，削峰率 55%，水库拦洪削峰作用彰显。

24 小时"在线"值班值守，做好"传令员"，确保上级防汛调度令分秒必应，这是汉江集团水调中心（简称"水调中心"）的首要职责。

中秋、国庆舍团圆，坚守保安全。水调中心党员穆青青自 8 月下旬以来，不间断在丹江口值班值守，已持续奋战在防汛一线 50 余天。党员朱丹、范维在汉丹两地奔波往返，做好两地值守。朱丹说："我们值班时除了每日要编制防汛（供水）值班信息、水库安全监测巡查日报外，还要做好洪水滚动预报和供水值班工作。"

汛期，她们已记不清熬过了多少个"最深的夜"，凌晨时分，接调令、发指令、报信息已属常态。

提高洪水预报的精准性，尽可能延长预见期，是实施水库精细调度的前提，是水库调度工作难攻的"山头"，对水调工作提出了更高要求。

"我们的工作越精确精细，对防汛工作的参考价值就越大，就越有利于减缓防洪压力，保障人民群众生命财产安全。"水调中心主任丁洪亮介绍。

"要牢牢掌握洪水预报核心技术，摸准、摸透集团每一座水库的'脾气'，这就需要我们不断苦练'内功'。"水调中心副主任董付强说。

"功力"深不深，还需通过实战来检验。

穆青青对2021年"9·29"洪水的预测预报过程记忆尤其深刻。她回忆说："9月28日8时，我们预测入库洪峰流量应该在28000立方米每秒左右。其间，我们一直紧盯雨水情和上游水库实时调度情况不断修正预测预报结果，到了28日下午，根据最新雨水情，将预报结果调整为25000立方米每秒左右，与最终入库洪峰量级比较误差较小，实现了较为精准的预测预报。"

9月29日深夜，丹江口办公楼防汛值班室内灯火通明，值班人员紧盯水库水位的数字变动，分析着降雨实况等数据，预测着入库流量的变化，一场与潘口水库最大入库洪水的较量紧张进行。

经过一次次的精密计算、分析推演，最终，成功将潘口水库最高调洪水位控制在了354.9米，距水库正常蓄水位355米仅差0.1米，实现了防洪和蓄水的双赢。

汛期，据统计，水调中心发布短中期降雨及大降水专报180多次，开展入库洪水滚动预报300余次，为防汛科学决策提供了可靠依据。

立起"顶梁柱"，敢啃最硬的"骨头"洪流滔滔揪人心，暴雨阵阵催征人。从夏汛延伸至秋汛，防汛战线长，容易"人困马乏"。汉江集团各单位党员、职工充分发挥"顶梁柱"作用，与洪水鏖战70余天，始终做到责任不松、干劲不减。

取消休假，全员坚守，联合中线水源公司组织库区巡查、监测多维防护网。

丹江口水库库管中心开启了常态化库区巡查模式，利用卫星遥感动态监测、无人机多维度开展库区现场巡查。截至9月30日，重点巡查了34个乡镇，127个行政村；累计出动巡查人员510人次，出动车次171次，出动无人机20次，巡查库岸线总长度9901千米，巡查总行程37336千米，巡查湖泊水库总面积 2898 平方千米；累计巡查项目 1072 个，巡查库区界桩点 1756 处。

开展了库区水位 170 米线下房屋和返迁人员专项巡查，完成受 170 米蓄水影响 163 处地灾点项目的巡查工作；持续开展风险地灾项目复查工作，对高风险的郧阳区陈家咀地灾点进行多次专项巡查，针对出现的险情及时上报。

防汛"主力军"丹江电厂更是严阵以待，冲锋在前。

2021 年汛期，丹江电厂起运分场职工从 7 月 24 日开始防汛倒班，截至 10 月 10 日，已连续倒班 79 天。9 月 29 日，为抓住高水位的有利时机，配合长科院开展水力学试验，起运分场职工顾不得吃饭、休息，于当日晚上 6 ~ 9 时不间断开展倒孔操作。分场主任张光林说："当天人手紧缺、时间紧张，为了试验顺利进行，一些刚倒班完已经回家休息的党员、职工又主动返回岗位，继续工作。我们在关键时刻不掉'链子'，敢啃最硬的'骨头'。"

截至 10 月 12 日，丹江电厂共接收到 69 份防汛调度指令，做到及时安全准确启闭闸门 100 余次，起运分场也创造了自大坝加高后最高闸门启闭操作纪录。

加强大坝安全监测巡查是"硬性要求"，从 8 月 14 日起的"一日一巡"，到 8 月 25 日起的"一日两巡"，再到 9 月 28 日起的"一日三巡"，伴随着水库水位的上涨，丹江电厂监测分场职工的工作量在一个多月内增大了很多。

丹江口水库水位突破 164 米高程后，44 坝段监测中心站开启 24 小时不间断工作模式，从每天 1 次加密到 4 次，每日自动采集监测数据 4000 余个；人工巡查频次由每天 1 次加密到 2 次，为大坝安全运行提供了可靠及时的监测数据。

汉江集团所属电站也迅速筑牢应对洪水的"铜墙铁壁"。

　　一线防汛人回忆起迎战孤山航电枢纽建坝以来最大入库洪峰的过程至今仍心有余悸。9月28日，峰值流量达22700立方米每秒的洪水以"排山倒海"的阵势向孤山工程凶猛扑来。而承担挡水发电任务的二期围堰其设计标准为20年一遇洪水，最大承受洪水流量标准为24800立方米每秒。围堰、基坑能否经受得住此次洪水考验？种种焦虑和疑问在每个人心头蔓延。

　　在汉江集团分管领导、孤山水电开发公司负责人带领下，"孤山保卫战"迅速打响。"一定要紧盯二期围堰、二期基坑、左岸高边坡等防汛重点部位，做到每小时巡查一次，24小时不间断，对上下游围堰抽排水及围堰监测情况加密观测……"指令一遍遍传达、防汛会商会议连夜召开、巡查人员一次次冒雨夜巡……在众志成城、齐心努力之下，洪水最终平稳通过孤山水库，工程安然无恙。

　　在应对7场1万立方米每秒洪水过程中，孤山水电开发公司周密部署应对方案、加大水情监测预报频次、做好抢险应急准备等措施，为应对汛情做足准备，通过不懈努力，枢纽未发生任何险情。

　　9月1日晚，潘口水库上游鄂坪水电站突发溢洪道水毁险情，无法正常运行。险情就是命令，汉江水电开发公司第一时间按照十堰市防汛抗旱指挥部要求，预泄腾库2.3亿立方米，确保了潘口水库及下游竹山县防洪安全。

　　王甫洲公司开启12小时巡堤模式、小水电公司强化机组巡检、博远置业公司扎实做好防汛物资储备管理……坚持协同作战，发挥合力是打赢防汛硬仗的关键。

　　严峻的防汛形势下，汉江集团党委迅速印发《关于在防汛中充分发挥基层党组织战斗堡垒作用和广大党员先锋模范作用的通知》，号召各级党组织和广大党员守土尽责，勇挑最重的担子，让党旗在防汛一线高高飘扬，"共产党员"这个共同的名字在惊涛骇浪中叫响。

一组组防汛一线的镜头，是对初心使命的践行——

在防汛的最关键时刻，水调中心党支部迅速成立汛期党员防汛调度应急突击队、设立党员先锋岗，支部党员不畏艰难、连续作战，"与洪水赛跑"是他们心中共同的信念。

面对超强洪水来袭，孤山水电开发公司党员干部白天驻守现场，在人手不足时带头处理隐患缺陷，晚上将"家"安在中控室带班值守；广大党员不惧风雨，徒手牵引绳索恢复因洪水倾翻的拦漂排，将险情及时排除。

小水电公司党员冒着雨雾加大对压力钢管、尾水平台、护坡的检查频次，每次检查完全身都像跳进河里洗了个澡一样，他们却毫无怨言。

国庆期间，保卫处党员放弃休息，及时修复下游被洪水冲毁的隔离栅栏，维护行洪期间下游人民群众生命财产安全。

"纪律堤坝"亦在防汛中发挥了重要作用。汉江集团纪委采取"四不两直"的方式，到汉江集团各水库现场对防汛工作开展情况进行监督检查，督促各单位落实好水库各项安全措施和责任。

"洪水不退，我们不退！"这是生于斯、守于斯的汉江儿女向党、向人民立下的铮铮誓言。汉江集团将始终保持"人不卸甲、马不卸鞍"的精神干劲，力保流域安澜、蓄水安全，奋力谱写汉江治水新篇章。

四、抢险救灾：在全国各地展现国企担当

（一）冰雪坚守：2008 年赴郴州救灾

2008 年元月中旬至 2 月初，一场突如其来的冰雪灾害降临三湘大地，导致部分地区电网中断，给当地人民生产生活带来巨大影响。灾情发生后，汉江集团根据水利部、长江委关于支援灾区人民重建家园的指示精神，奔赴湖南遭受雪灾最严重的地区郴州市，与当地人民并肩作战，抢修损毁的供电线路，恢复电力生产，演奏了一曲无私奉献抗击冰雪的赞歌。

湖南冰雪灾情牵动了社会各界的心。党中央、国务院要求全国各地紧急对口支援湖南抢险救灾。在接到上级命令后，汉江集团2月2日午夜紧急抽调丹江口水电厂、汉江集团水电公司（简称"水电公司"）两个单位的精干力量组建抢险队，并准备了抢险物资和工具。2月3日6时抢险队在水电公司大院结集。时任汉江集团总经理的贺平、副总经理的贾崇安作了战前动员，传达了水利部和长江委领导的指示精神，并对抢险救灾工作提出了希望和要求。2月3日清晨6时30分，带着水利部、长江委领导的重托和汉江集团职工的深情厚谊，汉江集团组建的50人的抢险救灾队伍，以及警车、吊车、工程车等8辆车（每辆车都贴有"支援湖南抢险救灾"的标牌），组成的车队，风尘仆仆驰援湖南郴州。

湖南灾情触目惊心。抢险队沿途所见的是电线杆倾斜、"翅膀"扭曲、线路折断、树木倒伏、棚屋坍塌等惨象。京珠高速公路湖南部分路段受阻，20多千米的受阻车辆如一条长龙，一望无际。每隔几千米，就会见到全副武装的武警官兵在高速公路旁执勤，应对突发事件。车辆在冰雪没有融化的公路上艰难行驶，不时可以见到湖南公路部门组织力量在铲雪、撒盐。车队到达长沙后，经湖南省水利厅协调，决定汉江集团抢险队驰援湖南受灾严重的郴州市。在当地警车的接力引导下，汉江集团抢险队穿过京珠高速公路受阻路段，向目的地郴州市疾驰而去。时任汉江集团抢险队负责人、汉江集团办公室副主任的张明钢接受湖南卫视记者采访时表示，将以最快的速度，最优的质量，完成救灾抢险任务，保证郴州人民过一个明亮的春节。2月3日晚上11时至次日凌晨，抢险队伍陆续到达郴州。

2008年1月中旬，湖南遭受50年未遇大雪，郴州是这场暴雪影响的重灾区。郴州电力部门提供的信息资料显示，连续20多天的冰冻灾害使郴州电网受损严重。1月30日晚上11时，郴州城区大面积停电46小时，经过抢修，城区短暂通电2小时后，不断加重的冰冻灾害使郴州城区2月1日晚上9时再次大面积停电。担负郴州电网线路维护的郴电国际发展公司（简称"郴电国际"）技术人员介绍，灾情发生后，郴电国际也组织了抢修队伍进行抢险，甚至在故障铁塔旁燃起篝火彻夜值守抢险，但是抢修速度远远跟不上电网线路损毁的速度，眼睁睁地看着一座座铁塔和电线杆如多米诺骨牌般纷纷倾斜、倒伏，郴电国际抢险人员欲哭无泪，只有"望雪兴叹"！

这是一次特殊的行动。早晨 5 点多钟，天还没亮，队员们就提前来到了指定地点，汉江集团公司领导也来了。看得出来，汉江集团已经做好充分的准备。光车辆就有 8 台，除了几台越野车外，还有一辆 5 吨货车、一辆 20 座客车、一辆工具车和一辆 8 吨吊车；抢险队员 50 人，几乎都是水电工程技术人员，队伍十分精干。听说郴州停水断电，商店里的食品几乎全部脱销。汉江集团为了保障大家的生活需求，就连吃的方便面都带上了。

出发前，汉江集团总经理贺平语重心长地说："我国南方发生严重冰雪灾害，水利部部长陈雷、长江委主任蔡其华打来电话，要求我们汉江集团和陆水管理局组成一支精干的抢险队，代表水利部和长江委到湖南抢险救灾。抢险队由水电公司和电厂组成，由汉江集团办公室副主任张明钢带队。这次任务既艰苦又光荣，希望你们树立起汉江人的形象，创造出汉江集团的品牌，圆满地完成任务！"汉江集团副总经理贾崇安最后强调，电力抢险是很危险的，要大家一定注意安全。

灾情深深震撼了汉江集团抢险队员的心，而此时正值中国传统节日春节来临之际，广大郴州市民迫切要求过一个光明、温暖的新春佳节的呼声尤其强烈。为了尽快恢复郴州城区供电，汉江集团抢险队人人憋足了劲。2 月 3 日夜晚 11 时，到达郴州后，抢险队员来不及休整，第二天一大早就立即投入紧张的抢险工作中。

郴州城区的灾情同样严重，街道绿化带树木大多倒伏、折断，许多水泥电线杆倾斜、倒伏。线路折断、变压器损毁的场面比比皆是，几乎所有的高压、低压线路上都结满了厚厚的冰凌，有的冰凌粗如人的大腿。汉江集团抢险队出动8吨吊车一辆、5吨卡车一辆及越野车、旅行车等车辆，和郴州当地抢险队员一起，对郴州城区部分损毁的供电线路进行了恢复、抢修。负责线路维护的郴电国际施工人员高兴地说："有的抢险队只带了钳子、扳手等简单工具，而汉江集团抢险队连吊车都开来了，不仅准备了工具，还带来了材料，真是雪中送炭啊！"

郴州天气寒冷，城区冰封路滑，车辆行驶，人员操作都十分困难。由汉江集团配电工组成的精干队伍和郴州抢险队伍密切协作，在吊车、工程车的配合下，对城区倾斜的电线杆进行扶正，同时对损毁的变压器及电线进行更换，经过两天的突击抢险，汉江集团抢险队陆续完成了郴州城区主要路段供电线路的抢险配合工作，为城区恢复供电打好了基础。

2月4—6日，汉江集团抢险队除投入十几名配电工承接郴州城区供电设施配电接线任务外，主力队伍全部转战"两桂线"施工现场。两桂线电压等级是110千伏，是郴州电网的一条重要线路，也是湖南省网向郴州供电的唯一通道。因冰雪灾害异常严重，"两桂线"一铁塔倾斜，线路断裂，湖南省电网向郴州供电的通道被阻断，使郴州成为一座"孤岛"。

为确保郴州城区大部分地区春节期间电力供应，郴州市决定架设一条应急线路，这项光荣而艰巨的任务就由汉江集团抢险队承担。"两桂线"地处郴州郊外崇山峻岭之中，2月初乍暖还寒，施工路线冰雪覆盖，树木倒伏，盘根错节，漫山遍野的泥泞，人员施工，材料运输极其困难。而且大型机械设备到达不了现场，只有人工作业，在较短时间内完成挖窝、立杆、架线任务困难重重。

面对时间紧、任务重、工程量大等困难，汉江集团抢险队整合资源，分工协作，每天早晨7点半就赶往施工现场，晚上8点以后才回到驻地，一天工作十几个小时。在郴电国际抢修人员的配合下，投入挖窝、树杆、架线、配电工作之中。为抢时间，抢险队员中午就在施工现场的雪地中轮换吃饭，有的抢险队员正在电线杆上操作，上下不方便，他们就在高空铁架上匆匆扒上几口，就接着投入抢险工作中。郴州处于多雨季节，汉江集团抢险队由于走得匆忙，大多没带雨衣雨靴，下雨时，抢险队员几乎全身被雨淋透，但是他们仍然冒雨突击抢险，人人干得热火朝天。时任湖南省水利厅厅长的张硕辅、常务副厅长的詹晓安多次深入"两桂线"施工现场，看到汉江集团抢险队冒雨抢险的工作场面后，感动不已，立即安排人员为抢险队配备了雨衣和胶靴。

2月5日，汉江集团副总经理贾崇安带领第二批增援队伍抵达郴州，与首批抢险队员并肩作战，使抢险队伍人数增加到63人，力量大增。汉江集团抢险队把丹江口人艰苦创业的精神带到郴州抢险一线，演奏了一曲不畏艰辛、无私奉献的赞歌。随同公司领导到郴州指导工作的汉江集团办公室主任陈家华一到抢险现场，就投入战斗。他抬起一架6米长的梯子，在充满泥泞的崇山峻岭中艰难地穿行，同志们多次让他休息一会儿，他都拒绝了。领导干部身先士卒当起了"搬运工"，极大地鼓舞了抢险队士气，振奋了职工精神，抢险速度明显加快。配合汉江集团抢险施工的郴电国际一位老总竖起大拇指说："汉江集团抢险队队员个个都是好样的！"

在救灾的日子中，令人难忘的是第4天，2月6日，是农历大年三十。

这一天的任务十分艰巨。一段故障线路在200多米高的山顶上，南调线5号电线杆上的横担损坏、绝缘子脱落，4～6号电线杆的输电线垂落到地面上，需重新更换和架设。在这里车上不去的，只有步行，沿着一条陡峭崎岖的小路，踩着一层厚厚的积雪，抢险队员将所有需要的材料、工具，肩挑背扛，硬是运上了山顶。2月6日13时30分，在中国人民传统的大年三十，"两桂线"具备了通电条件。郴州城区50%以上的用户见到了久违的灯光，过了一个明亮、温暖的除夕。汉江集团抢险队圆满完成郴州抢险任务。大家一直忙到晚上6时多，不仅修复了5号电线杆的横担，架设好了输电线，而且还将4号电线杆上的覆冰全部清理完毕，并更换4号电线杆上一段过热的连接跳线。大家每干完一处，热情的郴州市民都挥手致谢，大家感到无比的光荣和自豪。经过 4 天的连续奋战，至 2 月 6 日 18 时，抢险队员终于圆满地完成了抢修任务。晚上 6 时多，郴州市已有部分地区送上了电。湖南省水利厅的领导和郴州市的领导来了，汉江集团及下属的水电公司和电厂的领导也来了。吃饭的大厅里，挂了一条醒目的横幅：我们在一起过年！

2 月 6 日，大年三十，这一天，汉江集团累计投入资金约 18 万元，完成人工组立电线杆 3 根、组装拉线 8 根、架设 110 千伏线路约 200 米，拆除 110 千伏线路约 450 米、拆除 110 千伏架空地线约 1000 米，巡线检修 110 千伏线路约 2000 米。

团圆饭，丰盛而热烈。湖南省水利厅张厅长说："今年我们湖南遭遇的是百年不遇的灾害，我和同志们一起过年也是百年不遇的。现在郴州市已经有部分地区通电，你们已经圆满地完成了这次抢险救灾任务！"此时，全场顿时响起雷鸣般的掌声，许多同志被这热烈的气氛层层地包围着，身心的疲惫早已被团圆饭的温暖所化解，情不自禁地拿起手机拍摄下这永恒的瞬间。

郴电国际负责线路巡视、维护的负责人肖光勤对汉江集团抢险队的工作效率赞不绝口："'两桂线'是湖南省网向郴州供电的唯一通道，这是一块难啃的'大骨头'，其他抢险队都没搞成，只有汉江集团完成了，汉江集团不愧是水电企业的一面旗帜！"

在 2 月 6 日除夕的庆功会上、湖南省水利厅、郴州市领导先后发表热情洋溢的讲话，对汉江集团不畏艰辛、无私奉献的高尚精神表示感谢。郴州市委、市政府在致汉江集团的感谢信中说："贵公司发扬'一方有难、八方支援'的优良传统，迅速派遣精兵强将，及时调运装备物资，在临近春节之时，赶到我市参加地方电网的抗冰抢险工作，贵公司组织得力，技术精湛，抢修速度快，质量高，在关键区域的关键部位发挥了关键作用，为恢复市区供电，夺取抗冰抢修最终胜利奠定了坚实的基础。"感谢信最后还说："贵公司全体同仁放弃春节与家人享受天伦之乐的机会，义无反顾地伸出援助之手，为我市抗冰救灾工作作出了巨大贡献，郴州人民永远感谢你们！"

大年初一，鼠年的第一天，是大家终生难忘的日子。宾馆两旁，郴州市市民早已等候在大门口，放着鞭炮欢送。在回来的高速公路上，一辆辆贴有"一方有难，八方支援"的救灾物资车正在开往灾区，车牌号显示这些援助的物资来自河南、江苏、上海等地，他们组成了一条看不见的长龙，将人世间最温暖的爱心送往灾区。危急关头，正是一个国家的力量，在塑造着一个民族的形象，在这个伟大的形象背后，正在孕育着一个和谐的社会。

近年来，汉江集团先后向西南干旱、青海玉树地震、四川汶川地震、丹江口市洪涝等灾区捐款 600 余万元

（二）危难关头：汶川地震抢险

2008 年 5 月 12 日，震惊世界的汶川大地震爆发。一时间山崩地裂、房屋倒塌、山体滑坡、河流阻断、桥梁损毁……灾情牵动着国人的心。根据水利部、长江委的指示精神，汉江集团立即组建抗震救灾抢险队，于 5

月 18 日和 19 日,驰援四川灾区,奏响了一曲水利职工与灾区人民并肩作战、重建家园的赞歌。6 月 7 日,汉江集团 11 名抢险队员完成四川平武文家坝堰塞湖抢险阶段性施工后返回丹江口待令。

汶川地震期间,在接到长江委关于抗震救灾的指示精神后,汉江集团立即组建了以水利水电工程公司(简称"工程公司")为主体的 30 余人的抢险队伍,同时准备了推土机、挖掘机、装载机等相关设备,进入待令状态。5 月 18 日晚上 7 时 30 分,第一批中线水源公司和博远置业公司的 3 名抢险队员驾驶越野车,率先奔赴四川灾区。

与此同时,第二批抢险队员已做好了人员、设备、后勤保障等各项准备。5 月 18 日下午 3 时 30 分,在工程公司会议室召开的汉江集团抗震救灾抢险队成立会议上,时任工程公司党委副书记的汤涛做了动员讲话,经理梁宝库就有关事项作了说明。抢险队员纷纷作了表态发言,表示坚决按照水利部、长江委和汉江集团的要求,克服一切困难,听从组织安排,圆满完成抗震救灾光荣任务。工程公司是一家困难企业,许多职工还在待岗,部分职工内退。但是一旦到了组织需要的时候,他们便义无反顾,踊跃报名加入抢险队,体现了公司职工"一方有难,八方支援"的博大胸怀。

5 月 18 日晚上,时任工程公司水电建筑分公司经理的张少忠接到紧急通知,要求立即抽调 13 名抢险队员第二天早上 7 时 20 分在汉江集团机关大院集结,准备开赴四川。情况紧急,张少忠一面着手拟定第二批抢险队员人选,一面分头通知落实。根据长江委指示精神,汉江集团第二批抢险队将加入长江委抢险队中,对队员的工作经历、技术素质有了更高要求。张少忠对拟定的装载机、挖掘机等设备的操作手的个人状况、技术素质等进行了认真分析,反复酝酿,提出了人选方案。为加强技术力量,抢险队还从竹山潘口电站工地抽调两名挖掘机操作手,连夜赶回丹江口,充实抢险队伍。

5 月 19 日上午 8 时,以工程公司汽车司机和挖掘机等设备操作手为主的 13 名抢险队员，头戴安全帽，身穿标有"长江委汉江集团抗震救灾"字样的工作服，脚穿绝缘鞋，列队来到汉江集团机关门前。机关大门口悬挂着 4 幅标语，内容分别是"向汉江集团抢险队员致敬""不畏艰辛奔赴四川抗震救灾""众志成城扶助灾区重建家园""祝汉江集团抢险队员凯旋"。

汉江集团领导贺平、张庆华、姚树志、郭生柱，中线水源公司领导齐耀华以及相关部门、单位领导来到机关大院，为第二批抢险队员出征送行。汉江集团总经理贺平在动员讲话中指出，国有企业是国家政权的基础，应该肩负起支援四川汶川特大地震灾害灾区人民抗震救灾、恢复生产和重建家园的历史重任。他希望抢险队员牢记水利部、长江委领导和汉江集团9000 多名职工的重托，弘扬丹江口人精神，不畏艰难，努力工作，为支援灾区人民抗震救灾、恢复生产和重建家园作出新的更大的贡献。汉江集团副总经理姚树志希望抢险队员在抗震救灾工作中，一切行动听指挥，坚决服从命令，做好自身防护，出色完成任务。

汉江集团抢险队队长杨林宣读了抢险队纪律规定后，从贺平总经理手中接过"汉江集团抗震救灾抢险队"队旗，并在现场挥舞。顿时，现场群情振奋，氛围热烈。带着公司领导的重托和全体职工的深情厚谊，第二批13 名抢险队员开赴四川灾区。

汉江集团 13 名抢险队员抵达武汉后，加入长江委应急抢险队，5 月24 日，驰援四川省绵阳市平武县文家坝堰塞湖抢险现场。文家坝堰塞湖地处平武县南坝镇石坝河上游约 5 千米处，长约 800 米，宽 200 多米，高约50 米。汶川大地震后，由于堰塞坝堵塞河道，水位不断上涨，形成威胁下游 4 万群众生命安全的堰塞湖。为避免险情进一步扩大，5 月 24 日，长江委抢险队迅速制定了文家坝石坝河堰塞湖抢险应急施工方案。当天下午 3时，文家坝堰塞湖工程紧急开工。文家坝堰塞湖工程是四川地震灾区仅次于唐家山堰塞湖工程的第二大抢险项目，直接关系到下游沿线数万人民生命财产安全。而此时地震造成坝体堵塞河道后，水位不断上涨，最高时蓄水 1000 万立方米。此堰塞湖离南坝镇只有 6 千米，一旦溃坝，60 ~ 70 米高的水位落差，将一泻千里，近 4 万南坝镇居民危在旦夕。此时，武警水电部队官兵正在组织抢险。

长江委抢险队开赴现场后，立即制定施工方案，决定现场挖出一条长 400 多米、宽 10 多米的导流明渠，分流湖水，缓解堰塞湖险情。灾情就是命令，长江委抢险队员分工协作，和武警水电部队官兵并肩作战，在文家坝上演了一场抢险大会战。

在开挖导流渠施工中，汉江集团抢险队操作手操纵着地方政府紧急征用的挖掘机、推土机、装载机等设备，轮番作战，昼夜施工。抢险现场，地理条件复杂，余震造成的山体坍塌、泥石流和滚石不断，汉江集团操作手娴熟地驾驶着抢险设备，将个人安危置之度外。5 月 25 日，青川发生 6.4 级余震，文家坝施工现场坍塌的山体，到处浓烟滚滚，水面腾起阵阵波浪。但是汉江集团抢险队员临危不惧，坚守在救灾现场。他们饿了，就匆匆吃一点快餐面，渴了就简单喝一点矿泉水，接着继续施工。

地震造成的山体垮塌触目惊心！文家坝堰塞湖施工现场，在狭长陡峭的作业面上，每一项操作都是充满危险，由于山体垮塌土质松散，挖掘机、推土机等施工机械作业中随时都有倾覆的危险，而且还要排除余震的干扰……汉江集团抢险队员历经艰辛，以扎实的基本功，精湛的操作技能博得了长江委抢险队领导及专家组成员的好评。他们高度评价汉江集团抢险队能打硬仗，展示出了水利职工克难进取、顽强拼搏的精神风貌。

6 月 7 日，汉江集团抢险队 11 名职工完成文家坝抢险阶段性施工后返回丹江口待令，第二批 13 名抢险队员抵达武汉长江委总部时，长江委抢险队领导顿时眼睛一亮。汉江集团抢险队员统一的黄色安全帽，统一的蓝色工作衣，统一的绿色绝缘鞋，连配备的包裹都是统一的，鲜红的抢险队旗迎风招展，在阳光灿烂的旷野中熠熠生辉。这个团队一亮相，就给长江委抢险队领导留下深刻的印象。长江委抢险队领队戴润泉感慨不已，他说："汉江集团领导重视抢险工作，准备充分，措施得力，连每名抢险队员的血型都注明得清清楚楚、一目了然，不愧是水利行业的典范！"在欢送部分抢险队员返丹的庆祝会上，长江委抢险队领队戴润泉等领导又对汉江集团抢险队员工作业绩给予了高度评价。

"国家有难，匹夫有责！""祖国需要的时候，我愿挺身而出！""坚决服从组织安排，在抗震救灾一线创出汉江集团品牌，决不辜负领导和同志们的殷切希望……"这是汉江集团抢险队员在抢险队组建时发出的铮铮誓言。在文家坝堰塞湖施工现场，汉江集团抢险队员顽强拼搏，众志成城，把丹江口人艰苦创业的精神带到了异地他乡，涌现了许多惊天地、泣鬼神的感人形象。

汉江集团抢险队队长杨林，这位1986年参加工作的直流电工，在20多年的历练中，他工作干一行，爱一行，专一行，由不熟悉汽车电路的门外汉逐渐成长为一名直流电工行家里手。此次汉江集团组建抢险队，他凭着扎实的基本功和务实的工作态度，被任命为抢险队队长。他知道这队长的称呼意味着在危机四伏的抢险现场要一马当先；意味着要以百折不挠的精神攻克道道难关；意味着要带领汉江集团抢险队员不畏艰辛，坚决完成组织交给的光荣任务；意味着要把汉江集团的品牌和水利职工的形象在抗震救灾一线发扬光大。临出发前，当他从汉江集团总经理贺平手中接过汉江集团抢险队大旗的时候，他就决心带领抢险队员，在异地他乡创出汉江集团的品牌。

熟悉杨林的人都知道，尽管杨林参加工作20多年，并且在1995年就光荣地加入了中国共产党，不仅是单位的技术骨干，在同龄人当中也是出类拔萃，但是由于市场等多种原因，杨林于2004年成为自由岗职工。单位有困难，杨林也理解，他并没有怨天尤人，他也理解困难企业领导的难处。作为一名共产党员，要全力支持公司决策，为企业分忧解难。于是，待岗不久，他就发挥自己直流电工技术特长，在原汉江集团印刷厂的院内开办了一家个体汽修厂，凭着精湛的技术和良好的质量，他的汽修生意红红火火。2008年，他请了5名帮工，准备大干一场的时候，组织通知他参加抗震救灾抢险队伍。有人劝他，你的生意这么忙，就不要参加抢险了。他也深入地考虑过，一边是自己的生意要扩大经营规模，一边是组织正需要技术力量驰援灾区，两头都是重要。他想，自己的生意固然重要，但自己首先是一名党员，在党组织需要的时候，就要坚决服从组织安排，随时准备开赴抗震救灾第一线。于是，他把自己的生意交给店里的伙伴，义无反顾地加入了汉江集团抢险队，并担当队长的角色。

在文家坝堰塞湖抢险现场，杨林成为长江委抢险队60多名队员中唯一一名电工。他不仅负责施工区机械设备及帐篷的照明线路维护保养，还担负汉江集团抢险队员与长江委抢险队的沟通协调工作。施工区点多、面广、战线长，每一步都充满危机，每一项操作都困难重重。但是他凭着20多年历练积累的深厚功底，出色地完成了领导交办的每一项工作。一次，长江委抢险队领导交给他一项紧急任务，采购一台日产雅马哈汽油发电机。这种进口的新式发动机电路性能复杂，技术要求高，抢险现场熟悉该类设备的寥寥无几。接受任务后，杨林只身一人前往绵阳市区采购。当时正是抗震救灾特殊时期，施工区全部由武警部队管控，进出手续严格。不仅要检验特别通行证，而且来往要经过三道消毒工序，性子急的人几乎当场晕厥。可是杨林理解这些措施是对灾区人民负责，也是对自己负责。因此每项检查、消毒他都积极配合。采购回发电机后，他又投入紧张的安装调试之中。日本设备性能优良、工艺复杂，杨林对照图纸，一丝不苟，很快便完成了设备安装调试，并一次运行成功，为抢险施工区提供了电力保障。

文家坝抢险现场场面壮观。抢险人员中，有武警官兵、地方政府及长江委抢险队。机械设备中，有挖掘机、推土机、装载机等大型设备。后勤保障中，有帐篷、药品、食品等。要保持抢险现场良性运转，沟通、协调就显得尤为重要。杨林深深明白这一点。每次接受任务后，他总是及时主动做好汉江集团抢险队队员的思想工作，详细交代工作重点、注意事项，尤其强调加强自身防护，要科学施工，杜绝野蛮操作，力争又好又快地完成各项任务。同时，空闲时间他及时和丹江口大本营联系，简要通报抢险一线情况，向抢险队各个队员家里报平安。5月31日，抢险队一名队员的弟弟在丹江口市发生车祸去世，他和抢险队领导及时沟通协调，安排这位抢险队员连夜回丹江奔丧，体现了抢险队的人文关怀。

抢险队队长杨林以身作则，激发了汉江集团抢险队队员的工作热情。挖掘机操作手、共产党员陈同祥，这位言语不多、技术全面的操作手驾驶起巨型挖掘机设备时得心应手，游刃有余。装载机操作手蒋龙江在文家坝堰塞湖明渠开挖中甚至忘记了吃饭和休息，一干就一个通宵。自卸车司机毛家芳在工地因水土不服，发烧39摄氏度，全身虚弱，但他随便吃点儿药后就坚持不下火线……在南坝镇文家坝抢险现场，到处活跃着汉江集团抢险队员的身影。他们成为长江委抢险队的重要组成部分，在四川抗震救灾现场写下了熠熠生辉的一笔；他们百折不挠，无私奉献，和全体职工一起，挺起了汉江集团的脊梁；他们敬业务实，顽强拼搏，在地震灾区塑造了水利职工的良好形象。

五、援建帮扶：把实事办好，把好事办实

（一）帮扶回顾：孙家湾村工作纪实

汉江集团作为湖北省新农村建设工作队之一，2011年进驻丹江口市六里坪镇孙家湾村开展工作。孙家湾村是南水北调移民村，村里共有村民4000余人，迁移2400多人。一部分农民舍小家顾大家迁离孙家湾村。留下来的村民积极行动起来，安居乐业、重建家园。

　　2011年，汉江集团党委接到湖北省调整新农村工作队的通知后，及时召开会议，形成了以汉江集团党委书记胡甲均亲自抓，集团党务工作部牵头，汉江集团丹江口电化公司组建新农村工作队的工作格局。胡甲均对工作队提出要求："尽快进入角色，积极开展工作，为老百姓做点实事。"同时，胡甲均在丹江口市相关领导的陪同下，亲临现场就孙家湾村新农村建设有关事宜进行了调研和座谈，形成了初步帮扶工作思路。工作队的共同目标是：第一年打基础；第二年初见成效；第三年大变样。经过三年甚至更长时间的努力，将孙家湾村建成一座绿色健康、景色迷人、邻居和睦、安居乐业，集生态旅游、观光于一体，有经济发展后劲的社会主义新农村。

汉江集团积极参与湖北省"三万"活动，有效促进地方新农村建设

　　2011年9月，湖北省新农村建设工作队总结交流会后，胡甲均强调指出："工作队要按照省新农村建设的要求，进一步理清思路，做好规划，抓好重点，为农民做点实事，做出特色来。"2011年春节前夕，胡甲均书记在丹江口市领导任新华、汉江集团党务工作部部长邓汉洲及电化公司党政主要领导等的陪同下，慰问孙家湾村老党员、抗美援朝退伍军人和特困村民，带去组织的温暖，深受村民欢迎。

电化公司工作队积极开展工作，科学管理，措施到位。电化公司党政主要领导及班子成员积极支持孙家湾村新农村建设工作，在人、财、物上给予大力支持；公司与工作队队员签订了《支援孙家湾村新农村建设项目目标考核责任书》，做到了目标责任、工作要求到人，用工作队绩效核发队员薪酬。为互通情况，电化公司工作队定期举办了《孙家湾村新农村建设工作简报》，并上报湖北省及丹江口市新农办、汉江集团有关领导和部门；加强工作队队员管理，每月工作情况实行月报制，敦促队员主动工作。

深入调研、制定规划、抓好基础工作。在起步阶段，电化公司把重点放在三年的规划上。先后走村串户，与农民、村、镇干部多方交谈，走访，与村里共同制定了《汉江集团帮扶丹江口市六里坪镇孙家湾村新农村建设三年规划》，收集原始资料、建立对比档案、凸显新农村建设成果，各项工作正稳步推进。孙家湾村是个移民村，随着南水北调中线工程正式调水，整个老村庄将被淹没。为了留下与新农村进行鲜明对比的宝贵的历史资料，工作队非常重视对历史资料的收集工作，抓拍了300多张原始资料、工作场景，旧容旧貌、移民安居点施工现场及新农村建设工作场景的照片。

2011年孙家湾村的主要任务是完成300户1230人的移民内安任务，工作重点是移民建房、搬迁。工作队积极配合村里开展工作：推选了移民建房理事会，对房子的质量、进度等进行严格把关；采取抓阄方案进行分房，体现了公开、公正、透明，分配新房近300户，没有扯皮现象。2010年12月2日，村民乔迁新居。村里开展了"四个一工程"，即每户送一副对联、一个灯笼、一挂鞭炮、一个发面盆。工作队的同志和村干部一道走村串户，安排搬迁具体工作。大家挂灯笼、拉横幅、贴对子、打扫卫生、清理道路，忙活了几天，临近搬迁的那天晚上，大家忙到深夜11点多才收场。搬迁仪式上每家每户张灯结彩，秧歌队、仪仗队载歌载舞，领导的祝贺声、锣鼓声、鞭炮声此起彼伏，良辰吉日，村民们像过年一样乔迁新居。丹江口市市长曾文华等有关领导参加了典礼。在 2010 年 10 月，当地阴雨连连、道路泥泞、村民屋舍多处漏雨，电线和通信线路刮断，工作队队员积极帮助村民疏通道路，修线路，解决房漏问题，帮助受灾村民搬家等，得到村民的一致好评。

争取项目资金，帮扶新农村建设。工作队共争取了 20 万元资金用于村里建学校及村民乔迁。其中，从省财办争取资金 10 万元；企业赞助现金 10 万元、捐建房用砖 10 万块、为村民乔迁新居赞助 5000 元。2010 年底，湖北省新农村建设检查组一行 11 人，到汉江集团新农村建设帮扶点孙家湾村检查指导工作。通过看现场、召开座谈会、查看资料、听专题汇报等方式，对汉江集团工作队进行考核，在听取了工作队的情况汇报后，又听取了副市长周德随，镇领导刘元明、李国峰，村支部书记李国刚及村民对工作队的评价后，检查组表示："一是通过看现场，听汇报，感受很深，事迹很感人；二是汇报材料写的都是自己身边的工作，很真实；三是你们做了大量的工作，村里对你们背靠背（工作队回避）评价很高，考核组综合打分为 94.22 分。"

新农村建设加深了企业与政府之间的联系和交流，体现了工业反哺农业，更体现了一个负责任的大企业集团的担当。哈佛工商管理教授杰弗里·蒂蒙斯博士说过，企业辉煌的三条核心原则：一是待人如待己；二是与创造财富的人共同分享财富；三是回报社会。企业在回报社会的同时，同样也给自己更多的机会并成就自己。这是企业的无形资产，虽然看不见摸不着，但这种能量在一定的时候会释放出来。

（二）帮扶回顾：土关垭镇四方山村工作纪实

"接天莲叶无穷碧，映日荷花别样红。"诗人杨万里笔下的美景，如今也在汉江集团的援建帮扶驻点村——丹江口市土关垭镇四方山村如画卷一般铺展开来。

20 亩新建的莲藕种植基地，一畦畦郁郁葱葱的"大红袍"花椒树，还有映衬其中的一栋栋崭新小楼、夹道而立的太阳能路灯，无不呈现着援建帮扶后这个贫困山村的巨大变化。

"汉江集团的援建帮扶，让我们的生活越来越好，村民们有目共睹、有口皆碑！"四方山村党支部书记朱超感慨万分。自 2015 年 10 月汉江集团驻村扶贫工作队进驻四方山村之日起，三年多来，他与村民们一同见证着汉江集团围绕产业发展、绿色生态做帮扶文章，让这个穷困山村脱贫致富的坚定决心和坚实行动。

汉江集团援建四方山村莲藕基地

"美丽乡村建设要围绕特色产业做文章""要尽心尽力帮助贫困户找准致富新路子，加大对特色产业的帮扶力度……"汉江集团公司党委书记、副董事长舒俊杰高度关注四方山村产业发展，多次深入村里走访调研，组织召开专题会议，将产业扶贫作为脱贫攻坚的根本举措全力推进。

四方山村四面环山、地理位置十分偏僻，年轻人大多外出务工，劳动力缺乏。针对这一实际，汉江集团因地制宜，将易种易活、管护不费劳力、可持续产生经济效益的花椒和莲藕产业确定为脱贫产业。

贫困户罗台青，从前靠自己一人打工养活 6 口人，家境贫困。他抓住产业帮扶的机会，成了村里脱贫的先进典型。在汉江集团驻村扶贫工作队的帮助下，他种下 10 余亩莲藕、8 亩花椒。2018 年，莲藕行情好，他家里全年增收 2 万余元。"2020 年，我的花椒树就能进入盛果期，到时候收益会更加可观！"罗台青高兴地说。

"扶贫产业开发到哪里，资金补贴、技术培训就跟进到哪里。"据驻村扶贫工作队队长、来自汉江集团丹江电厂的张双恩介绍，只要贫困户积极种植，就能按国家政策享受补贴。工作队通过自办班、现场观摩、经验交流等形式为贫困户培训莲藕、花椒栽植技术和后期管护技术，授他们以"渔"；积极想办法，通过社群、电商等模式开展"农副产品对接销售"，并开拓了汉江集团内相关单位的内销渠道，解决了农户在产品销售方面的后顾之忧。

功夫不负有心人。2019 年，四方山村贫困户种植莲藕面积达 21.74 亩，汉江集团还为其援建了 285 米的引水设施。汉江集团免费发放"大红袍"花椒苗 57500 棵，花椒种植户达 190 户，种植面积 400 余亩，预计到盛果期时每亩可实现 4000 元的纯收入。

莲藕、花椒产业逐渐成为当地村民增收的重要渠道。2018 年，依托这两大产业的发展，村里成立了红信生态农业专业合作社，吸纳会员 154 人，入社率达 70%，构建了"基地＋合作社＋贫困户"的脱贫模式，形成了家家有致富产业、户户有增收门路的脱贫攻坚态势。据统计，截至 2019 年 7 月，集团公司共援助、引进资金 100 余万元用于四方山村的产业扶贫。

"汉江集团不仅帮我脱了贫，还让我成了我们村生态养猪的'探路人'！"看着自家长势旺盛的"食叶草"，贫困户徐兴华难掩兴奋之情。

徐兴华想搞规模化养殖，但无法解决污染这个瓶颈问题。驻村扶贫工作队主动联系市里的专业机构并提供技术指导，帮他引进了高产优质的"食叶草"。种植这种猪草不仅可以降低饲料成本，让猪肉肉质更加鲜美、卖价更高，还具有改善土壤和生态环境的功能。"种养结合"的模式，实现了绿色循环养殖，草是猪饲料，猪粪经过发酵加工后，又可作为肥料使用。

"不让一点污水流出，为家乡的绿水青山作点贡献，在工作队的鼓励下，我愿意做这第一个'吃螃蟹'的人。"徐兴华表示。现在，徐兴华生态养猪的经济效益和环保效益已经初现，不少村民对这种生态养殖跃跃欲试。

这只是汉江集团帮助四方山村推进美丽乡村建设的一个小小缩影。为了让山村更美更宜居，汉江集团还推出了多项举措。

整治农村环境，改善村容村貌。驻村扶贫工作队抢抓植树造林，在四方山村种植了100余株桂花树，为村里添了新绿；利用"屋场院子会"等阵地，宣传美丽乡村建设，提高村民主动参与其中的积极性；配合村委会对房前屋后进行了环境整治。道路干净整洁，树木葱茏林立，院落窗明几净，村民们在体验到环境改善带来的舒适后，环保意识不断增强，积极争创"清洁户"，"村庄是我家、美化靠大家"成为村民共识。

推动"民生工程"建设。汉江集团对四方山村实施了"亮化工程"，援建38盏太阳能路灯，为村民夜间出行提供便利；历时近1个月，对四方山村水窖进行了维修改造，解决了村里121户500余人的饮水难题。

规划旅游风景带。借力于莲藕种植产业的发展，汉江集团推进四方山村发展乡村旅游的调研，研究村子打造集休闲、娱乐、观光、旅游、住宿为一体的荷花景观基地的可行性。走进四方山村，村民们由衷赞叹："汉江集团是在真真切切地为我们办好事、解难事、做实事。"

"驻村扶贫工作队的队员们，还有汉江集团的党员干部，经常给我们提供各种帮助，大家都很感动。"谈及汉江集团对村里的援建帮扶，贫困户张秀芝动情地说。

张秀芝的儿子和儿媳在十堰打工，家里的活计全指望着两位老人。作为汉江集团内对接四方山村援建帮扶的主力军，丹江电厂频繁将特色党日活动开展到了扶贫第一线，帮忙清扫房前屋后、销售农副产品，农忙时节抢着干农活儿、不时上门嘘寒问暖……让像张秀芝这样的留守老人们倍感温暖。

逢年过节，汉江集团领导、丹江电厂相关负责人都会带队到村里走访慰问，为贫困户送上慰问物资、帮助他们解决家中的实际困难。2015—2018 年共开展 9 次"送温暖"活动，慰问物资达 2 万余元。全国扶贫日，党员干部职工积极踊跃募集善款，用于四方山村建设。丹江电厂党委先后 3 次开展扶贫助学爱心捐赠活动，为村里的儿童捐赠图书、学习用品等，鼓励他们克服困难、勤学知识。

汉江集团还在四方山村开展了"以党建促扶贫，以扶贫强党建"的党建引领工程，将党的力量彰显在了扶贫攻坚最前沿。

以帮扶建设服务型党组织为目标，驻村扶贫工作队着力完善建强村级党组织，针对村级阵地建设功能不完善的问题，实施了党员活动室改造工程，建立了"道德讲堂"，为党员积极开展党内组织生活、加强党性修养搭建了平台。

在脱贫攻坚工作中，工作队采取召开村"两委"班子会议、党员大会、群众大会和走村入户调研等方式，认真聆听村民呼声，推行"建强一个支部、培育一个产业、建立一个群众利益链接机制"的发展模式，帮助村"两委"班子带领村民积极寻找致富门路，有效提升了四方山村的党建工作水平，激发了基层党员带领村民脱贫致富奔小康的干事创业热情。

"小康路上一个都不能掉队！"让贫困人口和贫困地区全面实现小康，是我们党的庄严承诺，更是党和人民赋予国有企业的神圣职责。为了兑现承诺，多年来，汉江集团扛起国企责任担当，投身于这场脱贫攻坚战中。

树绕村庄，水满陂塘，脱贫致富未来可期。如今的四方山村，在汉江集团不遗余力施行的援建帮扶实践中，正继续播种着新的希望，期许着更加美好的未来。

（三）乡村振兴：定点帮扶黄家村

"农"墨重彩绘新篇，国企兴村添动能。汉江集团公司党委书记、副董事长舒俊杰关心集团乡村振兴定点帮扶村——十堰市茅箭区赛武当自然保护区管理局黄家村，多次调研并强调，投身乡村振兴实践是国有企业的光荣使命与责任所在，要赋能乡村振兴再上新台阶。

水土保持是生态文明建设的重要内容、江河治理的重要措施、全面推进乡村振兴的重要基础、提升生态系统质量和稳定性的有效手段。汉江集团驻村工作队充分发挥水利帮扶优势，多措并举全力做好水土保持工作，助力乡村振兴。

抓住中央、省、市加大水利投入的机遇，紧紧围绕"产业兴旺、生态宜居、乡风文明、治理有效、生活富裕"乡村振兴战略总要求，坚持驻村第一书记抓乡村振兴，主动作为，积极谋划项目，协助村委争取水利部门和其他部门资金相互依托，统筹使用。

和村委一道开展土地整理、高标准农田、退耕还林等项目，努力有效减少坡地水土流失、增强土壤水源涵养能力、保护生态环境、筑牢绿水青山。

通过大力实施农村耕地水土流失综合治理工程，石坎"坡改梯"新建梯田 19.2 公顷、配套建设蓄水池 10 口、沉砂池 31 个、截排水沟 2.36 千米、田间道路 1.27 千米、新建河堤 1.76 千米。在农村河道生态治理等基础设施方面，达到"功能达标、水流通畅、水清岸洁、生态良好、管护到位"的目标。

鼓励和引导专业合作社、种植大户充分发挥带头作用，致力坡地开发，开展集约经营，形成投资合力。田地耕作引进种植专业合作社，栽培品种果树（葡萄、桃子、猕猴桃、樱桃等）50 余亩，种植水果玉米 60 余亩，村集体流转土地 100 余亩种植高山蔬菜，苗圃栽培 30 余亩，让荒山披绿装，将沟壑变果园，带动当地村民就业，实现"保持水土，修复生态，助农增收"的项目效益。

如今，黄家村林草覆盖率持续增加，生态环境质量明显改善，村庄、道路、农田等设施的安全得到了保护，水设施的使用寿命延长。随着林果业的发展，村民生活水平蒸蒸日上，获得感、幸福感日益增强，黄家村正展现出新风貌，美丽乡村的魅力不断展现。

六、援边回忆：把丹江精神传播到高原天域

满拉电厂位于西藏自治区江孜县龙马甲布拉村，离拉萨200千米，离尼泊尔边界线300千米。江孜县有2万人口，是西藏最大的县。"八五"期间，水利部投资14亿元建成以防洪、灌溉、发电为主，兼有水土保持、水产养殖、水利旅游等效益的满拉水利枢纽工程。满拉水利枢纽管理局下属的满拉电厂装机2万千瓦（5000千瓦机组4台）。由于工程兴建在高原山区，当地在水库调度、电厂运行、检修技术等方面技术力量单薄，管理水平落后。水利部对有着丰富的工程管理、水库调度、电厂运行及检修技术经验的汉江集团寄予了厚望，在2001年7月召开的水利部第二次工作会议上，汉江集团作为支援单位之一，与兄弟单位西藏自治区满拉水利枢纽管理局结成对子，向满拉水利枢纽管理局选派技术人员和管理人员、提供业务培训、给予资金支持。

2001年8月底，丹江电厂机修分场发电机班技术员张厚升等一行4人，带着汉江集团领导的期望和亲人的嘱托，踏上了援藏的征程。我们趁张厚升回丹之际，请他谈了援藏见闻。

西藏满拉电厂海拔4200米，比拉萨还要高500米，气候比内地晚两三个月，每年的5月底、6月初树木才开始发芽，待到10月，天气变冷，树叶就全落完了。内地的人往往不知道，10月正是秋高气爽的时节，可到了拉萨一看，完全是另一片天地，满地都是雪，令人大吃一惊。6—9月是

西藏气候最好的季节，雨水充沛，其他季节天气变化无常，一会儿下雨，一会儿刮风，一会儿下雪。12月至次年3月是西藏的冬天，干燥、无雨，几乎天天刮大风，风大时连撮箕都吹上了天。

高原氧气稀薄，人的呼吸困难。走路不能走快，走快了就喘气。看书写字半个小时便头发昏，干活不能连续干，难受的时候只有停下来喝开水、休息，身体不好的同志带上"氧立得"，单位里配有吸氧机，受不了就去吸氧。在西藏因气候原因，空调用不上，夏天还要穿夹克。

满拉电厂地处高原山区，交通运输十分不便。一条土公路就是国道，随便一座山就高达千米，盘山公路绕来绕去，进出都要翻山。就在他们第一次进藏时，看见半山腰有一辆内地车翻到了山下，人被摔死了。一次他们从拉萨到满拉电厂，由于他们坐的车在后面走，公路上汽车一跑便尘土飞扬，视线不清，司机为了跟上车队，加大了油门，不料前面一个急拐弯，汽车差点摔下悬崖，幸亏当时是满拉电厂的一位年轻司机开车，反应快，急转方向盘，车头撞在山头上熄了火。结果车撞坏了，人是保住了，但也吓出一身冷汗。

张厚升说，他第一次进藏时正值9月初，中午的太阳特别厉害，因紫外线强，不两天脸就晒黑了，手脱层皮。那里昼夜温差大，但千万不能感冒。如果感冒了不赶快控制和根治，就会得肺气肿、脑水肿。满拉电厂有位四川的职工与他在一个办公室坐在桌对面，进藏时身体好好的，四五月感觉不舒服，当地医院查不出病因，回四川后检查是肝腹水，在家治愈后又到西藏，半个月后病情复发却久治不好，年仅26岁就去世了。

张厚升到满拉电厂后身兼3个职务，即总工程师、生技科科长、安全科科长。他们科一共4个人，他既是领导也是工人，样样事情亲自干。满拉电厂管理落后，任何资料都没有，规章制度都是空白。他就帮助满拉电厂建立健全日常管理制度，如运行方面的操作票、检修方面的工作票都制定出来。机组检修没有配件，只有提前到内地购买，通过邮局邮寄需1个月才能收到。中国移动通信在西藏县城才能通话，满拉电厂手机打不出去。但满拉电厂可以打座机，但通信容量也受到限制。

满拉电厂地理位置偏僻，到县城坐汽车需 30 分钟，从县城到电厂每天只有一趟中巴车，因毗邻的龙马甲布拉村没有商店和饭馆，每逢星期六和星期天，电厂职工都会坐汽车到县城买东西。因高原气压低，煮米饭和面条都要用高压锅，蔬菜是从内地运去的，吃的东西比较贵。当地人的饮食以牦牛肉为主，他们将牦牛肉晒干，然后一块一块地撕下来生吃，内地人一般都吃不进去。西藏水少，藏族人平时不喝水，倒是经常看见他们身上背个水壶，里面装的不是酥油茶就是青稞酒。

在满拉电厂的业余生活比较枯燥，厂里只有 1 台电视机，架了个"锅"才能收到 8 个台。晚上吃完饭没事了就是散散步、看看电视。张厚升说，寂寞、孤独、乏味常常相伴我们度过一天又一天，但想想各级领导的关怀和期望，想想自己在为西藏人民作贡献，再苦再累也心甘。

守护好安澜汉江，让枢纽工程安若磐石；守护好中线源头，保一库清水永续北送。一代代汉江人，从整个国家、民族的根本利益出发，以全国人民的整体利益为重，表现出了顾全大局的高尚品格和爱国精神，将自身使命深深融入到保障国家水安全的实际行动中。

第五章

勇于开拓是丹江口人的进取观

勇于开拓的精神内涵是与时俱进、锐意进取、勇于创新、勤于实践。如果说，丹江口人通过秉持自力更生、艰苦创业的精神，大刀阔斧地完成了根治汉江水患的历史重任，在汉江上建成了"五利俱全"的丹江口水利枢纽工程，书写了治理开发汉江的新篇章。那么，"勇于开拓"就是2000年前后，丹江口人全面实施转机建制，推进汉江集团事业改革发展的精神注解，更是不断促进南水北调中线工程永续发展及国家水安全保障能力提升的力量源泉。

一、解放思想、与时俱进，实现跨越式发展

1996年10月18日，在水利部、长江委的领导下，汉江集团正式挂牌汉江水利水电（集团）有限责任公司，掀开企业发展史上的新篇章。

1996年，汉江水利水电（集团）有限责任公司成立

汉江集团按照建立现代企业制度的要求，全面实施转机建制，建立以授权管理为核心的母子公司管理体制，形成了跨地区、跨行业、跨所有制的大型企业集团。汉江集团坚持以经济建设为中心，实施"产业多元化、产权多元化"发展战略，对内优化资源配置，对外实施资本扩张，投资开发潘口、小漩、龙背湾、孤山水电站，不断发展壮大铝业、电石、碳素产

业规模，让房地产专业化经营走出丹江口，形成了"以水电为基础，以铝业为龙头，沿产业链向外稳健扩张"的模式。

这一阶段，汉江集团创下发展速度、经济效益之最，在有进有退中，实现了跨越式发展。资本投资快速扩张，经济总量不断提升，综合实力显著增强，为推动集团产业经济实现从量的扩张，到质的提升，再转向高质量发展打下了坚实的基础。

（一）汉江集团的资本哲学

1976—1996 年，汉江集团经过第二次创业，闯出了一条"建管结合、全面发展"的水利企业发展之路。完成了"第二次创业"的汉江集团踏着改革开放的时代步伐，重新理解了资本"钱生钱"的含义。资本是市场经济的核心要素，它最主要的追求就是增值，货币、厂房、设备、土地只有被投入市场的时候，才是资本。与此相对应，企业获取利润的市场本性得以充分重视，集团上下也统一了思想：追求利润是企业永恒的、首要的目标，没有利润作支撑，一切都无从谈起。

如果说汉江集团的前身——水利部丹江口水利枢纽管理局像大多数国有企业一样，依照计划经济用"国家的钱"通过发电、售电和多种经营完成了资本的原始积累，那么成为市场主体后的汉江集团就必须用"企业的钱"追求经济效益最大化，实现国有资产保值增值，承担起国有大型企业"共和国之子"的责任。汉江集团时任总经理贺平说："企业要扩大，这是需要，也是汉江集团资本经营最原始、最简单的冲动。"

人还是这些人，地还是这块地。但资本运作这一经济手段逐步使汉江集团的发展征途走出丹江口，演变成一个跨地区、跨行业、跨所有制的大型企业集团。

20 世纪末，中国"经济列车的提速"需要大量的有色金属，已有的碳素资源已无法满足丹江铝厂的"胃口"，当时国内又没有社会化经营的碳素生产企业。面对巨大的市场机遇，汉江集团决定自己办企业解决原料配套问题。1997年4月，汉江集团第一个以多元投资为主体的股份制企业——山西丹源碳素股份有限公司在祁县成立。

谁也没有想到，正是这个原本为解决原料基地而"远征"的碳素项目，一年回报率达到60%，成为汉江集团资本运作收获的第一桶金。

奋进者的脚步永远也不会停滞。此后几年，汉江集团以相对或绝对控股的形式，吸引国有、民营和社会资本入股，先后在山东、江苏、浙江、新疆、湖北宜城等地进行投资，累计完成项目投资20多亿元，在中国铝工业的版图上立起了一面来自丹江口的大旗。

资本的裂变促进了企业的快速发展，然而尝到甜头的汉江集团认识到，铝土矿、氧化铝等产品处于铝产业链的上中游，科技含量和附加值低，容易受到国家对高耗能产业宏观调控的影响，因此必须不断沿着产业链延伸，把整个链条打造成企业不断攀登的"阶梯"，使产业与利润形成一张"合纵连横"的网，从而实现低成本扩张，低风险运行。于是，一个位于铝产业终端、包装业上游的产品——铝箔应运而生，为集团资本运作之路添上了浓墨重彩的一笔。

可以说，建设碳素项目是出于汉江集团追求利润的企业本能，而沿铝产业链的延伸则是资本"钱生钱"的裂变特性使然。

汉江集团应水而生，因电而兴。通过发电、售电积累的资本和富余电力，为铝业、电化等产业的发展提供了得天独厚的资源，而这些"短平快"的产业项目又为长线的水电开发注入了大量的优质资本。

在原有丹江电厂的基础上，集团建设了2×2万千瓦自备防汛电厂，2004年出资控股了王甫洲水电站，同时取得了汉江流域4个梯级水电站的开发权。有了控股权就有了主动权，汉江集团通过资本运营把水电开发的资源话语权牢牢掌握在自己手中。

为了让资本运营充分展现出"魔力"，汉江集团将许多优质资源"收编"

重组。铁合金公司、综合实业公司、金家湾项目新老资产重组合并为电化公司，电厂和水利枢纽管理处顺势合并，房地产业顺利重组，不仅在成本上做到了"1+1 < 2"，还在效率、效益上实现了"1+1 > 2"。

为了打造资本运作的"金床"，彼时，汉江集团累计争取到 19 亿元的银行授信规模，并与华夏银行签订了 6 亿元额度的短期融资券承销协议。这确保了集团资本扩张的资金需求，降低了资金使用成本，保证了汉江集团经营、投资、现金在稳定状态下运行。

回顾那几年的资本运作过程，汉江集团人把铝业等产业发展称为"用企业的资本加项目来赚钱"，而汉江流域的水电梯级开发就是"用项目引入资本和战略合作伙伴共同发展"，两者的实质正如马克思所说——资本的合乎目的的活动只能是发财致富，也就是使自身增大或增值。

工业企业以效益论英雄。一次又一次成功的资本运作，使汉江集团一日千里，生机勃勃。

从清洁的水电能源到黝黑的碳素，从白色的氧化铝粉到银色的电解铝，"十五"期间，汉江集团以"产业多元化、产权多元化"为原则，成功实现了水电、铝业的大跨越发展，打通了集团资本运作平台，成为中国水利行业瞩目的焦点。

汉江集团销售收入、利润、税金连年翻番，分别由 2000 年的 16.46 亿元、0.84 亿元、1.77 亿元增长到 2005 年的 34.06 亿元、2.38 亿元、3.93 亿元；资产总额也大幅上升，由 2000 年的 35.1 亿元增长到 2005 年的 53.36 亿元；职工年平均收入由 2000 年 1.13 万元增加到 2005 年 2.3 万元，收获的喜悦挂在每个职工的脸上，谁都能看出汉江集团的发展曲线是一条"金光大道"。

2003—2004 年，汉江集团的收益主要来自发电和供电，因为那时的铝价大跌；2005 年，汉江上游来水较少，铝产品成了汉江集团的盈利"大户"，产业链的优势得以充分体现。

2006 年对汉江集团来说更加难忘：丹江口水库来水减少 40%，发电量大幅下降；电解铝产业在国家宏观调控后，原料价格大幅上涨，企业成本增加，利润空间严重减少，两大主业同时遭遇了"寒流"。

2016 年，汉江集团全年实现销售收入 30.14 亿元，利润 2.52 亿元，净资产收益率达 6%，国有资产保值增值率达 108%，这是汉江集团"两个多元化"原则下，各产业在资本平台上的互补融通创造的奇迹。

汉江集团原董事长、时任顾问徐尚阁表示："我们实施资本扩张，这一步走得很成功，对于下一步的水利水电开发和壮大企业规模，都将发挥巨大的推动作用。"

"手上有干的，身上有背的，眼睛有看的"，这是贺平对集团"十一五"发展规划的形象表述。当时预计，到 2010 年，汉江集团的总资产将翻一番，达到 200 亿元，销售收入将突破 75 亿元，相当于再造至少两个汉江集团。

（二）资本运作催生产业多元化

2003 年，随着国家能源供应持续紧张以及环境恶化的局面，发展高耗能产业的风险已开始"浮出水面"。为适应国家宏观调控政策，规避企业风险，汉江集团审时度势，选择环境友好型的发展格局，采取"链式"运作方式，将上游产品向前延伸将下游产品向后拉长，构筑一条集铝土矿、氧化铝、电解铝、铝箔和电力于一体的合理产业链，使企业各种经济元素得到优化配置。

这是汉江集团对旗下的上游产品进行有史以来最大规模的整合。汉江集团引进德国先进的预焙铝冶炼设备和技术，进行铝业三期、四期技改，关闭了 2.3 万吨的自焙槽电解铝厂，保持存量 10.5 万吨的中型规模，形成了国内技术领先的生产流水线；初步实现了国家政策要求的电解铝生产基本规模要求，既避免了因规模不足而被淘汰的政策风险，又提升了铝产业链抵御市场风险的能力。

对内整合，对外扩张。氟化铝是生产电解铝的添加剂。2004 年，汉江集团经过广泛的市场调查，决定选择浙江衢州作为氟化铝的生产基地。总投资 1.6 亿元，采用德国的技术，国产的设备一期工程年产 2.1 万吨无水氢氟酸和 3 万吨干法氟化铝。2003 年 12 月，汉江集团与衢州一家民营企业、高新技术开发区合作，成立了浙江汉盛氟化学有限公司（简称"汉盛公司"）。2006 年 3 月，浙江衢州氟化铝工程竣工投产，一跃而成为国内第三大氟化铝生产基地。

汉盛氟化铝项目是汉江集团决策最快的一个项目，只用了 1 个月时间。决策迅速，体现了汉江集团对国家产业政策的把握，以及对未来市场的准确判断。当时，国内生产氟化铝的工艺只有两种：一种为湿法氟化铝，另一种为干法氟化铝。传统的湿法氟化铝生产在国内市场已处于饱和状态，工艺落后，污染严重，成本较低，湿法氟化铝因为污染大，已被许多国家淘汰，只有中国和俄罗斯仍在使用；干法氟化铝，当时国内只有湖南一家铝厂采用，其产品全部出口。在项目论证会上，汉江集团领导层经激烈的争论，最终决定项目尽快上马。其理由是：随着我国产业政策的调整，高污染的产品必将被淘汰，干法氟化铝因其环保节能效用将很快会有大的需求拉动。果然，汉盛氟化铝项目还在建设期间，由于国家环保政策趋严，国内的铝行业开始转变观念，降低能耗，大幅度减少污染而转向采用干法氟化铝，市场前景迅速转好。

汉江集团之所以选择衢州，是因为这里是中国"氟都"，汉江集团看中的是这里的人才和产业聚集优势。从市场的流通渠道上看，一些成功的企业把选择优势定位在生产资源、成本和销售市场上，是实现投资收益最大化的关键环节。

2005 年 12 月，汉江集团在市场调查中发现，宜城低品位铝土矿储藏量高达 2000 多万吨，其中可开发利用的矿石达 500 多万吨。铝土矿是生产氧化铝原材料，与高品位的铝土矿相比，低品位矿生产成本高，国内铝冶炼行业一般不愿意开发这种矿石。而中南大学采用的低压溶出新技术，投入生产以后，不仅大幅降低了低品位铝土矿的开采成本，而且还可回收利用周边化工厂排放的废气、废热、废酸，起到节能、环保作用，开发每吨的利润近2000元，回报率高，只需4年半就可收回投资。于是，汉江集团开始联合中南大学以技术入股，以环保节能新技术开发宜城低品位铝土矿，项目总投资1.9亿元，工程分两期建设，年产规模20万吨，可实现年销售收入2.25亿元，利税6750万元，直接就业400人，间接就业1000人，并对上游矿业、下游机械加工、包装运输以及高新产业运用产生拉动作用。2005年12月3日，工程正式开工建设，经过8个多月的奋力拼搏，第一台回转窑于2006年8月30日正式投产。宜城低品位铝土矿工程，按照5万吨的铝产能规模计算，至少可满足汉江集团15～20年的生产周期。

下游产品向后拉长，是衔接产业链的关键所在。早在2001年，汉江集团就开始进行超薄超宽铝箔的可行性研究。当时全国只有3家企业生产铝箔。铝箔用于烟、食品、饮料的包装，国内需求量大。最初做可行性研究时确定的是做系列产品，从铝水、铸轧、冷轧、板带到箔轧，总投资20亿元。但在寻求合作伙伴时期，国内的铝轧制业发展势头强劲，已迅速扩展到7家，还有5家正准备上生产线。这时板带轧制的竞争优势已经不明显。为规避投资风险，汉江集团迅速调整方案，将原来的全线生产改为只投资生产箔轧生产线。

同年，汉江集团就与江苏省昆山市的一家民营企业三牛实业控股集团有限公司（简称"三牛集团"）合资，组建了从事生产超薄超宽高档双零铝箔及从事有色金属复合材料的研发和生产的昆山铝业有限公司。一期工程投资近8亿元，设计年产量2.5万吨。每吨铝箔的附加值近2万元。工程从2005年10月17日开工建设，到成品投放市场，仅用了18个月工期。

2007年7月2日，汉江集团昆山铝业首批双零铝箔正式销往客户，开始投入运行。在昆山铝业宽敞明亮整洁的无尘生产车间，260米长整条流水线，员工不到200人，几乎都是自动化控制，数字化管理。坯料经轧机、分切、退火等 3 个车间多层流动加工，可将 0.35 毫米厚的坯料分次轧出 6 微米的箔材，相当于人头发丝直径的 1/10。这种高附加值的产品广泛应用于医药、食品、烟草、电子等包装领域，市场需求强劲，产品供不应求。据昆山铝业时任总经理吴庆久介绍，由德国阿申巴赫公司给汉江集团开发制造的这套设备，自动化精度高，稳定性能好，在国内尚属首家，可轧制当时国内最宽幅的铝箔产品，最大宽幅可达到 1.88 米，当时，在全球范围内不足 10 套。

汉江集团丹江口铝业有限责任公司丹发铝材公司生产车间内生产有序、产品待发

昆山铝业是汉江集团运用市场机制，与外商合作的第一个项目，也是集团彼时对外投资兴建的一个最大的股份制企业，整个工程计划于 2009 年全部达产，汉江集团昆山铝业每年可实现产能 25000 吨，产值 8.5 亿元。

2009 年，汉江集团以铝电为龙头的产业链全线贯通。从清洁的水电能源到黝黑的碳素，从白色的氧化铝粉到银色的电解铝，从一卷卷铝板带到一卷卷精致的铝箔，这一系列的转换完整演绎出铝从电解到加工的全过程，这就是汉江集团倾力打造的铝产业链，阐释出资源优化配置的规模效应。这中间，汉江集团整整花掉了 10 年时间，历经了市场大起大落、大喜大悲的生死考验。

汉江集团这样运作的目的，按照贺平的说法："一个良性循环的产业链条，必须要有一个稳定对称的资源体系作保障，谁拥有了这个资源体系，谁就是市场中最大的赢家。"

当时，集团旗下的铝业公司，集各子公司于一体，管理和运行产业链的生产组织、衔接、流程和工艺，集各种生产要素于一体，控制着生产环节的每个流程，以实现效益最大化。

实施上游产品收网紧缩，下游产品延伸扩张的对策战略，使企业在市场竞争的大潮中，乘风破浪，稳立潮头。2005—2007年，汉江集团经营业绩稳步提升，在国务院国有资产监督管理委员会（简称"国资委"）统计排列的中国企业集团500强排行榜中，汉江集团主营业务收入和资产排名均列入第270名左右，利润总额均在第198名上下浮动，这三项考核指标充分显示出了汉江集团近年来的市场扩张能力、企业经营实力和企业综合效率比较出色，经济发展持续、平稳、健康，在快车道上行驶。

2003—2007年，汉江集团以集团总部为轴心，以资本为纽带，沿我国中部和东西两个方位，延伸产业链的上下游相近产品，进行市场开发，总投资达30多亿元。东部延伸到我国经济发达省份浙江和江苏，主要开发铝产业链上科技含量高的下游产品，使产品更贴近消费市场；中部以湖北丹江口原材料生产基地为主战场，主要研究和开发市场走俏的上游产品，包括煤、电、矿石、碳素等工农业生产资料，充分显示出了汉江集团资本运作的张力和做大做强的决心与信念。

汉江集团为何要选择资本扩张呢？按照贺平的话说："因为投资是决定企业张力的关键。资金不动，就不是资本；资本不运作，就形成不了资产；没有资产，就没有'钱生钱'的基础；资本如不投出去，就会萎缩。要想发展，必须敢于投资、冒险，把钱投到能'钱生钱'的地方。"

2005年，由于能源持续紧缺和电解铝投资过热，国家进一步加大对铝行业的宏观调控，致使产业链的上游产品——氧化铝由买方市场迅速变成卖方市场，于是氧化铝价位开始一路攀升，暴利迅速从下游转移到上游，价格涨幅超过了 150%，最高时每吨达到 6000 多元，致使产业链中的铝产品成本大幅上升，铝业公司全线亏损。应对市场原材料价位居高不下的行情，汉江集团快速作出反应，贷款 3.2 亿元与山东信发铝电集团有限公司一次签订了 20 年的长期供货合同，每年供给汉江集团 7.5 万吨氧化铝，每吨氧化铝的购进价仅为 3000 多元，与市场价相差近一倍。汉江集团这个决策的前瞻性使铝业公司产品生产成本大幅降低，企业起死回生，迅速扭亏增盈，1—8 月一举盈利 7000 多万元。

在与市场竞争的大潮中，汉江集团可谓饱经风霜，历经磨难。铝业链上下游利润的转移，进一步坚定了集团实施产业多元化的经营策略。

2003 年，汉江集团与三牛集团合资，组建生产超薄超宽的高档双零铝箔型材，项目总投资达 8.7 亿元。

2004 年，汉江集团与浙江省衢州市的一家民营企业、高新技术开发区合作，成立了汉盛公司，总投资 1.6 亿元。

2005 年 12 月，汉江集团联合中南大学以技术入股，以环保节能新技术，开发宜城低品位铝土矿，项目总投资 1.45 亿元。

在这一系列的资本运作中，形成了汉江集团两个最基本的特征：一个是产权多元化，另一个是产业多元化。如果说企业股权，演绎的是资本张力，那么资本运作，催生的则是产业多元化。在变化无常、残酷无情的市场中，企业也要规避风险，不能吊在一棵树上，多元化经营正是企业实现"规避风险、实现盈利"目的的一剂良方。

从单一产品到多元产业，汉江集团已走过数十载风雨路程。当时，汉江集团的多元化产业就已覆盖发供电、电力设备安装检修、工程施工、工程招标代理、工程监理、化工、冶炼、外贸、房地产与物业管理、旅游服务等众多领域，铝产业链已上升为龙头老大，呈现出百花齐放的新局面。

　　从汉江集团 1998—2007 年的经营成果来看，多元化产业成就了汉江集团。1999 年，汉江集团的支柱产业——年平均发电量 38 亿千瓦时的丹江电厂，遇到了历史上罕见的枯水年份，全年发电量只有 23 亿千瓦时，电力企业面临严重亏损，而当年工业企业经营业绩良好，结果工业企业的盈利弥补了电力企业的亏损，使汉江集团整体呈现盈利状态；2000 年，情况与 1999 年正好相反，工业企业出现严重亏损，电力企业则运行良好，后者的利润又弥补了前者的亏损，汉江集团仍然整体盈利。开展多元经营，"不把所有鸡蛋放在同一个篮子里"，较好地实现了"东方不亮西方亮"的目标。从山西到山东的碳素，从丹江、宜城的铝电、电石、氧化铝到昆山、衢州的铝箔、氟化铝，汉江集团自西向东，一路走高，形成了一条多元化结构的横向产业体系，大大地增强了企业抵御市场风险的能力。

　　以多元化博弈市场变化，使企业进入快速成长期，拉动了集团的经济发展，开创了生产经营的新局面。"十五"期间，企业的经济效益大幅增长，销售收入、利润、税金分别由 2000 年的 16.46 亿元、0.84 亿元、1.77 亿元增长到了 2005 年的 34.06 亿元、2.38 亿元、3.93 亿元，实现了销售收入、利润和税金翻一番的目标。资产总额、所有者权益分别由 35.1 亿元、17.35 亿元增长到了 53.36 亿元、18.59 亿元。职工平均收入由 2000 年的 1.13 万元增加到 2005 年的 2.3 万元，年均增长率为 15.7%，实现了与企业效益的同步增长。

　　如果将这个结果采用企业主营业务收入评价，企业经营实力用企业资产总额评价，企业综合效率用资产周转率和全员劳动生产率综合评价，在国资委公布的中国企业 500 强排行榜中，汉江集团 2005 年主营业务收入列入第 273 名，资产排名第 278 名，利润总额位居第 198 名，这个排名与 2004 年相比，不相上下，只是利润又向前提升了 4 位。这 3 项考核指标充分显示了汉江集团当时正处在健康的成长期。

（三）资本扩张下，"四两拨千斤"的汉江水电

首次提出把水电开发作为汉江集团经营发展主要方向，是在 2002 年汉江集团工作会上，也就是在那个时候，汉江集团萌动了加速投资水电开发的理念。

当时，汉江集团领导层深入分析我国电力发展市场，意识到，高速发展的中国经济社会对能源有着强烈的需求，在未来相当长的一段时期内，电力产品将持续保持畅销势头，而作为一种可再生清洁能源的水电，在全国电力装机中所占的比重日渐增大，有着广阔的市场发展空间。

就汉江集团而言，可以毫不夸张地说，如果没有丹江口水利枢纽工程，就没有丹江口水电这个能源基础，就没有汉江集团的一切！要进一步做大做强汉江集团，就必须牢牢抓住水电优势，投资水电，拓展水电发展的生命线。

一场资本扩张的大战悄然拉开帷幕。

从 2002 年起，汉江集团开始全国"撒网"，把目光盯在水电发展环境好的大中型项目上。广东、广西、云南、四川、重庆、陕西——一路考察下来，收获颇丰，截至 2007 年 1 月，提交集团公司经理会议层面上讨论的项目超过 39 个。

但当汉江集团真正开始深入做项目的时候，才发现为时已晚。当时的五大电力公司和江苏、浙江、福建等地的民营企业早已动手在先，以迅雷不及掩耳之势，承接了大大小小的优质水电项目，犹如一堵牢不可摧的高墙，无法迈入其中半步。迫切想做大水电项目的汉江集团甚至迈入偏远的藏区，找到阿坝州的电站项目，可当地政府也早早认识到资源的可贵，要求先承诺 3000 万元的资源费，再谈项目开发，这让当时投资能力有限的汉江集团觉得很难再往下合作了。

对水电开发，好的、大的没能力做，差的、小的又不愿做，汉江集团

的处境十分窘迫。2004年初，汉江集团终于在四川找到了总体效益指标不错的亭子口电站项目。为了把握好这天赐良机，汉江集团与长江产业投资有限公司（简称"长江投资总公司"）、水利部新华实业公司联合组成水利企业团队，全力以赴，力争这一项目。经过长达半年艰苦的谈判，眼看就要成功，半路却杀出个大唐电力，这条电力"巨鳄"借其超强的实力和行为能力，在短短1个月的时间里将整个水利企业团队"踢"出门外。

"亭子口一役"的惨败，让汉江集团不得不重新审视自己的发展策略。以汉江集团当时的实力，只能立足汉江，苦做"内功"，蓄势待发。

控股王甫洲电站，是汉江集团苦做"内功"的第一步，也是水电"资本反击战"转机的开始。

王甫洲水利枢纽工程是丹江口枢纽下的第一座梯级电站，由水利部和湖北省各出一半资本金进行建设，装机10.9万千瓦。1999年工程建成之后，成立了汉江王甫洲水利水电总公司（简称"王甫洲公司"），水利部所辖一半的资本金交由汉江集团管理。

但当时很多人甚至汉江集团内部，都认为王甫洲电站是一个"烂摊子"。由于王甫洲工程建设时正处于中国资本市场的转轨阶段，资本市场相当不完善，特别是《中华人民共和国公司法》实施后，政府机构的投资行为与法律产生了抵触，"五五开"的工程投资比例，使王甫洲项目投资主体很不明确，导致管理体制不顺，资金严重不到位。将近20亿元的工程，有10亿元需要银行贷款，沉重的负担不仅使工程建设一度受阻，也使其投产运营后陷入连年亏损的僵局。2004—2005年，王甫洲公司亏损额高达5000多万元！

要想打破局面，挽救王甫洲项目，必须改变股权结构，通过一方控股，真正按照公司制形式进行经营管理。但市场风云多变，亏盈无定数，没有人能保证资金投进去就能"灵验"，而且一出手就是5000万元，全部要从企业自有资金中拿出来，风险相当大。投还是不投？汉江集团面临着残酷的抉择。

"当时内部的争论十分激烈，很多人都认为王甫洲电站是一个不良资产，不值得一掷千金。"坐镇指挥的汉江集团时任董事长徐尚阁说。他自己只是感性地认识到，王甫洲枢纽上面有一个丹江口大水库，可以资源共享，同时，王甫洲公司资本金比例较高，运行中还本付息的压力应该不是很大，财务费用也不会很高。为了准确分析出盈亏的平衡点，汉江集团财务部与王甫洲公司财务部紧急进行联合测算，最后得出结论：预计到2009年能出现盈利，到2012年有可供分配的利润。

"投！"汉江集团董事会作出了最后的拍板。可谁也没想到，就是这一次冒险，让"四两"拨起了"千斤"，5000万元盘活了数十亿元的"不良资产"，使王甫洲公司实现了"乾坤大逆转"，也让汉江集团实现了一次前所未有的重大跨越。

5000万元注入王甫洲公司后，汉江集团控股63.8%，成为最大的股东。王甫洲公司开始重新洗牌，成立了股东会、董事会、监事会，各股东明确了各自的责、权、利，法人治理结构真正得以完善，步入真正意义上按照市场游戏规则运行的轨道。

为了让王甫洲公司扭亏为盈，让5000万元资金投得所值，汉江集团一方面想方设法寻找最佳的发电水位、争取最好的电价，努力实现发电效益最大化；另一方面，通过各种手段来缓解贷款压力，利用5000万元新增注资金、足额提取王甫洲公司折旧资金、公司利润以及中央财政贴息，仅2004—2005年就偿还了2.76亿元贷款。贷款偿还能力的增强提升了王甫洲公司的信誉，促使银行下浮了贷款利率。另外，还适时对贷款结构进行优化、置换，用利率较低的短期贷款偿还利率较高的中长期贷款。仅2004年一年，枢纽工程建设资金的财务费用就下降了2094万元。

通过这一系列的资本运作，奇迹开始出现：就在2004年——汉江集团控股的当年，王甫洲公司开始盈利了，开始盈利时间比预计提前了5年！

更神奇的是，王甫洲公司 2006 年就出现了可供分配的利润，出现可供分配利润的时间比预计提前了 6 年！

无论从水电站建设还是资本运作角度，王甫洲项目都是一次资本以少胜多成功扩张的典范。按照国家规定，王甫洲公司每年的产值、资产、利润都要并到控股方，这不仅巩固了汉江集团水电开发的基础地位，也壮大了汉江集团的整体实力。2005 年，也就是控股后的第 2 年，汉江集团实现销售收入 34.06 亿元，利润 2.38 亿元，为 1968 年开局以来的历史之最！

王甫洲的"绝地大反击"，点燃了汉江集团压抑已久的激情，他们欣喜地发现资本运作的强大威力，也清晰地意识到"小电站"也能有"大效益"。一场更大规模的资本扩张计划蓄势待发。

2004 年底，一幅宏伟的战略蓝图在汉江集团董事会上徐徐铺开——锁定汉江水电，聚企业之全力，将汉江打造成集团的水电发展基地。

而就在此时，机遇不期而至。

2005 年初，曾经抢占了汉江支流堵河 3 个电站开发权的民营企业——浙江纵横控股集团，因为资金短缺问题急欲退出，当地政府也察觉其实力不足。汉江集团看准时机，经过一轮轮艰苦谈判，从最初的政府要价 1.2 亿元"砍"到 4800 万元，在短短一个月的时间内，拿下了潘口、龙背湾、小漩 3 座水电站的开发权。乘胜追击，不过一年，汉江集团又一举拿下了汉江干流孤山电站的开发权。

这两次资本输出，让汉江集团的水电发展实力产生质的飞跃。新到手的 4 座电站，总装机超过 90 万千瓦，建成后相当于再建了一座丹江口电厂！

在庆贺之余，汉江集团也清醒地看到，这 4 座电站的总投资额接近百亿元，投资规模空前，超过了汉江集团历年来的投资总和。而汉江集团在年景好的时候，可用资金也不过 3 亿~4 亿元，不可能全投到水电上，真正要靠自有资金发展的话，必须想办法每年用 2 亿元的资金干 10 亿元的工程，才能达到地方政府"5 年开工、8 年完工"的要求。

如何用有限的资本建大工程？唯一的途径只有寻找强有力的合资伙伴，融入更多的资金。彼时，汉江集团主要领导带队找过中国葛洲坝集团股份有限公司（简称"葛洲坝集团"）、中国长江三峡集团有限公司（简称"三峡集团"）、新华水利控股集团有限公司（简称"新华水利"）、中国水务投资有限公司（简称"中水投"）、湖北省电力公司等国有大型企业，甚至连香港、江苏、浙江等地区的民营企业也积极争取。

真正取得突破的是北京能源集团有限责任公司（简称"京能集团"）。一个偶然的机会，汉江集团的水电开发项目吸引了京能集团的目光。这座全国 500 强的大集团公司，综合实力名列北京市属企业第 1 位、全国企业集团前 90 位，在电力能源领域投资建设方面，拥有十分雄厚的经济基础和技术实力。他们所看中的是汉江流域梯级开发的潜力，是南水北调今后的格局和趋势，是水电清洁能源的利用价值，同时也是汉江集团整个团队的能力。

经过不到半年的磋商，一笔百亿元的合同——《汉江水电开发有限公司增资扩股协议书》于 2007 年 6 月签订，这是汉江集团有史以来最大的一笔合资项目，以增资扩股形式新成立的汉江水电开发有限责任公司注册资金 4 亿元，汉江集团占 60% 的股份，京能集团占 40% 的股份。计划用 8 ~ 10 年时间，有序开发汉江流域孤山及堵河流域的 3 座梯级电站，概算总投资约 100 亿元人民币。4 座电站建成后可形成 116 万千瓦装机能力，年发电 30 亿千瓦时，每年销售收入约 10 亿元。时任汉江集团副总经理的胡军说："可能前几年的资金压力较大，效益指标差一点，5 年以后便会进入非常平稳、长期的回报阶段。"

珠联璧合，天作之美。这次融资对汉江水电开发来说是具有里程碑意义的一步；而对汉江集团来说，4 座电站顺利建成后，汉江集团资产总额将在当时的基础上翻一番，销售收入将突破 50 亿元！

丹江口水力发电厂机组增容改造后跨入了百万千瓦电厂的行列；成功

控股王甫洲公司；联手小浪底建管局、京能集团，总投资近100亿元，合作开发汉江流域的潘口、小漩、龙背湾、孤山水电站，2009年，潘口、小漩水电站成功截流，龙背湾、孤山水电站临建工程开工；与水利部珠江水利委员会、小浪底建管局等战略合作伙伴共同开发建设总投资280亿元的大藤峡水利枢纽工程；启动碾盘山水利枢纽、新集水电站的前期工作。截至2009年底，汉江集团水电项目权益装机总容量超过200万千瓦。

（四）打造铝工业旗舰

企业发展，成亦投资，败亦投资。

从兴建山西、山东碳素公司，到成立衢州氟化铝公司，再到组建宜城氧化铝公司，短短10年的时间，汉江集团用惊人的勇气、超前的思维、雷霆的动作，在铝业资本市场"杀"出了一条条"血路"，让投资在短时间里获得了丰厚的回报。

随着昆山铝业双零铝箔的正式投放市场，这个从开工到投产不过18个月的大型尖端项目为汉江集团最终打通了整条铝产业链，完成了资本扩张最成功的一跃。这一跃，不仅让汉江集团胜利实现了"立足丹江、走出丹江、资本运营、对外扩张"的战略构想，也让一艘铝工业旗舰的轮廓更加清晰起来。

1997年——汉江集团历史上不可忘记的一年。当年4月，汉江集团第一个以多元投资为主体的股份制企业——山西丹源碳素有限公司在山西祁县正式注册成立。丹源公司注册资本2400万元，汉江集团出资1800万元。这是汉江集团在建立现代企业制度初期，迈出的最大胆一步。可谁也没有料到，就是这一步，让汉江集团的铝业扩张从此一发不可收。

当时的汉江集团，经过近30年的风雨拼搏，已在丹江边成功屹立起一座足以让世人刮目相看的现代化铝城。10万吨电解铝的产能，在整个湖北省首屈一指。随着汉江集团从一个水利工程单位转变为自主经营的企业个体，汉江集团开始着力培育新的经济增长点，提出了"立足主体，发展两翼""立足丹江，走出丹江"的经营理念，将资本输出家门。

选择碳素，是电解铝生产的需要。1997年初，汉江集团从德国进口了一套电解铝生产设备，急需阳极碳素作为原材料，而当时国内没有一个社会化经营的碳素生产企业，只有自己办。而之所以选择山西祁县，是因为那里有好的原料，好的政策，好的专家。

炼一吨铝需消耗0.5吨阳极碳素，而用丹源公司生产出来的阳极碳素只需0.4吨，成本低，品质高。凭借着如此强大的优势，年产2万吨碳素的丹源公司不仅满足了汉江铝业发展的需求，还将富余的碳素就近出售。

就在丹源碳素项目投产当年，奇迹发生了，汉江集团从丹源公司的资金回报率超过了60%！欣喜不已的汉江集团，开始酝酿在碳素上做大文章。

恰巧在此时，山东民营铝电企业——信发集团急需碳素，两大集团一拍即合。2000年8月，由汉江集团、信发集团在内的6家股东组建成立了山东中兴碳素有限责任公司，汉江集团控股51%，规划年生产预焙阳极12万吨，所生产的产品直接销给信发集团铝厂。

就这样，在短短3年的时间里，汉江集团在山西祁县、山东茌平分别建成了一期、二期碳素工程，使碳素的年产能达到14万吨，产量一跃而成为全国专业生产厂家之首。汉江集团在山西丹源投入的1800万元形成了1.2亿元的固定资产；在山东中兴投资的1500万元形成了2亿元的固定资产，成功地实现了低风险运行，低成本扩张。

在接下来的时间里，汉江集团又紧锣密鼓地扩大对碳素项目的投资，对山西丹源进行了增资扩容，与信发集团合资兴建了第二家股份企业——茌平华信碳素有限公司（简称"华信公司"），还成功在丹江口投资建成湖北丹江口丹瑞炭素有限责任公司（简称"丹瑞公司"），直接为汉江铝业公司配套碳素。碳素项目的投资回报长期让汉江集团引以为豪。2006年，丹源公司投资回报为7%，中兴公司30%，丹瑞公司20%，华信公司达

50%！

对外扩张的同时，汉江铝业也在不断壮大。2001年2月，汉江铝业成功实现股份制改造，成立了汉江丹江口铝业有限责任公司（简称"丹江铝业公司"）。2003年，通过三期、四期和续建工程，汉江铝业电解铝产量一跃为10.5万吨，成为华中地区产能最大、技术装备最先进的铝业生产基地。与此同时，汉江铝业不断对原铝进行深加工，生产铝杆、铝板带等产品，增加原铝的附加值。

稳固了铝业发展的"大后方"，汉江集团开始放眼全国，寻找更大的资本增长点。经过广泛的市场调查，汉江集团选中了铝产业的上游产品——氟化铝和氧化铝。这两种产品不仅是生产电解铝的重要原料，市场行情也十分理想。尤其是氧化铝，由于价格一路暴涨，被称为"黄金产业"。

2004年10月，汉江集团在浙江衢州投资1.6亿元，与当地一家民营企业及高新技术开发区合作兴建了汉盛氟化学公司；2005年4月，汉江集团在湖北宜城与5家股东联合投资1.9亿元，建成了宜城冠翔佳铝公司。

对这两个项目的选择，充分体现了汉江集团对国家产业政策的有效把握。2003年之后，随着国家能源供应持续紧张以及环境的不断恶化，发展高耗能产业的风险日渐增大，能节能降耗、减少污染也成为铝产业生存和发展的重要门槛。而这两个项目不仅符合国家产业政策、规避了企业风险，还兼顾了建设周期短、投资回报快的优势。

汉盛氟化铝项目，汉江集团仅用了1个月的决策时间。杭州衢州——中国"氟都"，有着资源、人才、市场以及产业聚集的优势，这些往往是实现投资收益最大化的关键环节。而选择成本较高的干法氟化铝生产工艺，则不得不佩服汉江集团对未来市场的敏锐判断。当时国内有湿法和干法两种生产氟化铝的工艺，传统的湿法生产在国内市场已经日趋饱和，工艺落后，污染严重；干法生产氟化铝则节能环保，产品质量和技术指标也大幅提高，但这种工艺国内几乎没人用，市场前景并不明朗。最后，汉江集团还是果断地采用了干法生产工艺，事实证明了这一决策的英明：就在汉盛氟化铝一期 3 万吨干法氟化铝项目还在建设期间，由于国家环保政策趋严，国内铝业纷纷转产干法氟化铝，市场局面一片光明。

宜城冠祥氧化铝项目，则更充分地利用了资源和技术优势，将行业内不愿意开发的低品位铝土矿，运用中南大学的新技术使其"变废为宝"，不仅大幅下降低品位铝土矿的开采成本，而且还可回收利用周边化工厂的废气、废热、废酸，起到节能、环保作用。开发每吨低品质铝土矿的利润近 2000 元，回报率高，只需 4 年半就可收回投资，2007 年可完成产值 2 亿元。

随着国家取消铝锭出口退税等进一步限制部分高耗能、高污染产品的政策出台，铝业初级产品和简单加工受到强烈的冲击，市场需要铝业产品向深加工、高附加值、高科技含量上发展。

为此，汉江集团将目光聚焦在铝冶炼行业的终端——超薄超宽铝箔，这是一种高起点、高技术含量、高附加值的铝业尖端产品，广泛运用于医药、食品、烟草、电子等包装领域，市场紧缺，需求量极大。

2004 年 7 月，汉江集团在江苏昆山组建了昆山铝业公司，一期工程投资近 8 亿元，设计年产量 2.5 万吨，每吨铝箔的附加值近 2 万元。

为了筹建昆山铝箔项目，汉江集团花了 3 年时间，不惜重金进行市场调研，调研人员到铝箔消费商店一家一家地去问："你家用的铝箔哪儿买的？价格多少？质量怎么样？"一点点做调查，最后才决定上。

可以说，昆山铝业是适应国家宏观调控政策，汉江集团走出丹江的一个战略性举措。它不仅是汉江集团与外商首个合作项目，也是汉江集团在外地投资兴建的最大一个项目。昆山铝业公司股份结构中汉江集团占94%，香港俊达占 6%。由于是中外合资企业，汉江集团充分利用国家政策，在进口设备、产品出口、税费缴纳等方面都享受了相当的优惠政策，有效压缩了生产成本。

从 2005 年 10 月开工建设，到成品投放市场，昆山铝箔项目仅用了 18

个月。据时任昆山铝业公司总经理的吴庆久介绍，公司引进的德国生产设备，在全球范围内不过 10 套，可轧制国内最宽幅的铝箔产品。当时，产品订单如雪片一样飞来，供货合同额已上升到 4000 万元，产品销路十分看好。预计 2009 年全部达产，产值将达 8.5 亿元。当时还预测昆山铝业将成为我国宽幅超薄铝箔的供应基地，可以有效缓解我国宽幅超薄铝箔的市场供需矛盾，代替进口。

铝业公司铝板带

昆山铝业的投产运营，让汉江集团的资本扩张成功升级，实现了跨地域、跨行业、跨所有制的三重结合。昆山铝业的投产运营，也使汉江集团铝产业链"破茧成蝶"，完成了全线贯通。从氧化铝、氟化铝、碳素到铝锭、铝板带、铝杆，再到铝箔，以电解铝为龙头的产业链实现了向上游延伸，将下游拉长的"线性裂变"，阐释出资源优化配置的规模效应。用贺平的话说："一个良性循环的产业链条，必须要有一个稳定对称的资源体系作保障，谁拥有了这个资源体系，谁就是市场中最大的赢家。"

二、改革创新、锐意进取，搏击市场化浪潮

从 1958 年丹江口水利枢纽工程破土动工开始，丹江口水利枢纽工程

的建设者、管理者、开拓者经历了 3 次创业、3 次跨越。汉江集团实现了资产结构、组织结构、人员结构的优化升级，发展成为一个朝气蓬勃、充满活力、勇于面对激烈的市场竞争的大型企业集团。

汉江水利水电（集团）有限责任公司成立后，集团上下积极适应时代发展新要求，以改革创新求突破，探索符合丹江口实际的新方法，解决新问题，总结新经验，不断创造为民造福、经得起实践和时间考验的新业绩。全面实施转机建制后积累了大量财力和资本运作经验，让汉江集团先后取得了堵河流域的龙背湾、潘口、小漩 3 座水电站及汉江干流孤山水电站的开发权。同时，汉江集团进一步转变营销观念，在丹江铝业公司全面推行"全系统营销管理"，使丹江铝业公司短期内创造出可观利润。一系列改革创新举措，让这个跨地区、跨行业、跨所有制的大型企业集团在市场化浪潮中，破浪前行，开拓了各项事业发展的新局面。

（一）水电龙头再立潮头

汉江集团"因水而生、因水而兴"，在水利建设方面做了大量开拓性工作。2008 年 3 月，随着引水发电系统土建及金结安装施工项目的开标，湖北堵河流域潘口水电站工程建设进入主体工程全面施工阶段。40 多年来，竹山当地人民一直深情地盼望着潘口工程早日开工、建成发电，把它当作脱贫致富的梦想和希望。这个梦想和希望，在汉江集团水电开发工作者的手中，变得越来越轮廓清晰，越来越真切可感了。

汉江集团是全国水利系统最大的国有企业，也是汉江流域的水电龙头企业，拥有丹江口水利枢纽、自备防汛电厂和王甫洲水利枢纽 3 座早已建成的水电站，前身是原水利电力部第十工程局，是我国水利工程建设行业中的一支英雄团队。当年在全国人民的支持下，建成了装机 90 万千瓦的丹江口水利枢纽初期工程，主力又转战葛洲坝工程和三峡工程建设工地，为新中国的水利工程建设作出了不可磨灭的贡献。

　　因此，相当长的一段时期，国内很多地方、水利部门的同行，只要说起丹江口，就知道这儿有一座丹江口水利枢纽工程；只要提起这个雄伟的水利工程，又会想起一个响亮的名字——原水利电力部第十工程局，也就是后来的丹江口水利枢纽管理局，现在的汉江集团。由于这支队伍建设了丹江口水利枢纽，参建了葛洲坝、三峡等大型水利工程，汉江集团闻名遐迩，享誉水利行业。

　　机遇属于有准备的头脑。"十五"期间，是汉江集团经济发展速度最快的5年。通过资本运作和项目投资，汉江集团经营规模不断扩大，经济实力不断增强，为突出水电开发主业、打造汉江集团百年奠定了坚实的经济基础。在水利部长江委、十堰市人民政府等有关部门的大力支持下，汉江集团于2005年10月28日，取得了堵河流域的龙背湾、潘口、小漩3座水电站的开发权；后又于2006年10月，取得了汉江干流孤山水电站的开发权。几易其主，这4座水电站的开发权终于众望所归地被收于汉江集团旗下。至此，汉江集团再一次立于汉江水电开发的潮头浪尖，引领汉江流域水电资源的科学有序开发。

　　取得堵河流域龙背湾、潘口、小漩等3座电站和汉江干流孤山水电站的开发权，已是费尽周折、极不容易，而要完成项目申报、获得国家发改委的最后核准，就更是难上加难。但是，要实现上述几座水电站的开发计划，国家发改委对它们的核准、立项是工程开工建设的必要条件。

　　以潘口水电站为例，就可看出项目申报之难。

　　第一种是潘口水电站作为一个单独的建设项目申报所遇到的难度，偏重于考察它的经济指标、投资收益率和社会效益等。由于该电站移民量太大、装机容量较小，又赶上了国家投融资体制的变化和对水电项目建设要求的提高，申报难度相当大。这种难度容易使追求短期利益的投资者萌生退意。

　　第二种是把潘口水电站作为开发整个堵河流域、汉江干流水利资源的突破口，谋求一种"大水利"的战略布局所遇到的难度。这种战略布局包括：近期开发潘口、龙背湾、小漩、孤山4座水电站，中期使它们与丹江口水利枢纽、王甫洲水利枢纽等多个水库实现联合调度；远期结合南水北调中线工程，实施重庆大宁河引江济汉补水工程，最终实现对汉江流域水资源的整体掌控和综合调度的目标，建立中国的"田纳西"模式。这是一种更高层次的战略谋划，其难度虽然比第一种更大，但却能够鼓舞投资者知难而上、奋发进取。

潘口水电站项目，当地政府部门和有关方面争取了40多年，经历了20世纪70年代、80年代、90年代三次失去"上马"机会的失望和痛苦后，在国家投融资体制发生深刻变化的情况下，对于潘口水电站的项目核准、立项工作，谁都没有成功的把握。

潘口水电站

在汉江集团介入堵河流域和汉江干流水电开发之前，早就有众多捷足先登者贸然抢入，然而他们都饱尝了项目申报工作的艰辛与无奈。拥有政府背景的湖北省电力局，资本实力雄厚、具备民营企业体制机制活力的浙江纵横集团，还有湖北武汉宏林公司，他们先后介入了潘口水电站项目，有的还把潘口项目申报做到了预可研阶段，即达到了向水电水利规划设计总院提交技术审查的阶段，但却对项目申报工作望而却步了。一次次专题报告涉及的实地考察，一个个的技术审查会、评估会，一堆堆的资料、图纸汗牛充栋……实力较强的业主单位及其工作人员精疲力竭、心力交瘁。他们累计投入的前期费用已高达几千万元，后面还有中国国际工程咨询有限公司（简称"中咨公司"）的专家组评估、国家发改委的最后核准等一个个的难关，使他们没有信心把项目申报工作继续下去。湖北省电力局、浙江纵横集团、武汉宏林公司，先后退出……

此时，汉江集团也在进行战略谋划汉江流域水电开发，等待最佳时机出击。早在丹江口水利枢纽管理实施现代企业制度试点，改制为汉江水利水电（集团）有限责任公司的时候，汉江集团就明确了以水电发展为主业的战略目标，又得益于得天独厚的地理位置，掌握着丹江口水利枢纽、自备防汛电厂和王甫洲水利枢纽3座电站管理权，这是其他任何介入汉江流域水电开发的投资者所没有的优势。堵河流域的几个水电站，特别是潘口电站由于移民投资太大、装机容量较小，如果不立足汉江流域水资源长期开发战略，并使之与丹江口等水库实行联合调度，无论谁来投资经济效益都不会好。因此，汉江集团所特有的这种优势，是其他任何企业都不具备的；即使旁人暂时抢走了这几个项目的开发权，也不能最终解决几个水库的联合调度问题。着眼于短期效益的投资者纷纷知难退出，而汉江集团养精蓄锐、积聚力量、等待时机，放手让其他竞争者去做前期工作，更何况要完成堵河流域、汉江干流4座电站的投资，确实需要非常雄厚的经济实力作后盾。

于是，通过在市场经济中的奋力打拼和快速扩张，汉江集团积聚了雄厚的经济实力和丰富的资本运作经验，为进行更大规模的资本运作做好了准备，同时一直保持着对汉江水电开发的高度关注。当浙江纵横集团、武汉宏林公司萌生退意的时候，汉江集团积极介入，实施战略谋划，经过多轮多方谈判，终于取得了突破性进展。汉江集团一次性斥资6000多万元，终于拿下了这些水电站的开发权。汉江集团的"迟来"，是由于集团管理层认为当时的介入时机不对，而且企业的经济实力也有待提升；同时，"迟来"也是汉江集团一举成功的战略布局，更是出于有信心去克服第二种自觉的、深层次困难的充分估计。

"天下事有难易乎？为之，则难者亦易矣；不为，则易者亦难矣。"这里包含的哲理是非常深刻的。汉江集团所从事的堵河流域、汉江干流的水电开发，并不是一个个单独的水电站开发，而是一个长期的发展战略，是瞄准资源、能源和规模经营而进行的，这与浙江纵横集团、武汉宏林公司等企业有着本质的不同。也正是由于这一点，尽管面临的第二种困难会更多更大，但为了实现堵河流域、汉江干流"大水电"布局的宏伟蓝图，汉江集团却毅然决然地选择了迎难而上，奋勇向前。

由于水电工程牵涉面广、政策性强、建设投资大、要求越来越高，所以水电项目申报、审批、评估、核准的程序也非常复杂。

自汉江集团入驻堵河流域水电站的项目开发后，从2005年11月到2006年3月，仅用4个月就完成了潘口水电站的可研审查、介入系统审查、水资源专题审查、防洪影响评估、安全监测等多项专题报告，该项目的申报工作进展较快。然而该项目进入核准程序后，由于潘口电站经济指标存在先天性缺陷，装机容量不大、移民量太大，湖北省政府心存顾虑，省政府3.4亿元优惠政策协调难度太大，对该项目不甚支持。后来经过水利部、长江委、汉江集团以及竹山县等多方努力，湖北省才同意出具相关文件，汉江集团得以正式将潘口项目核准申报文件报送国家发改委。2006年3月底，国家发改委办公厅委托中咨公司，针对潘口水电站的装机规模小、移民人数多、移民投资较少的特点及当前移民政策调整完善的政策环境，重点对项目建设的必要性，水库移民安置规划的合理性、可行性以及移民政策完善的衔接和补偿投资概算的合理性进行评估。

潘口工程前期工作做了40多年，却还在对潘口工程建设的必要性、合理性、可行性的"三性"进行评估，所谓必要性就是"建不建还是个问题"，这意味工程能否上马的变数很大。如果项目不能通过中咨公司组织的专家审查，那么前期所有工作都将白费，所投入的数千万元资金会全部打水漂！

为此，汉江集团领导高度重视项目申报、评估和核准等各个环节的工作，只要涉及潘口项目的各种考察、评估工作，他们总是不辞辛苦，亲自陪同各级政府部门领导和专家们，奔波在竹山县盘旋曲折的山路上，到各个水电站坝址进行实地考察。汉江水电开发公司做好相关的技术汇报、接待等工作，集团办公室、发展计划部等部门大力配合，有力推动了项目前期工作。据时任汉江水电开发公司副总经理郭勇介绍，潘口水电站项目在第一次接受评估的时候，差点就被中咨公司的专家组否决！这无异于一大盆冷水，当头浇在了汉江水电开发公司的头上。

回忆起潘口工程在中咨公司评审的一波三折，汉江水电开发公司时任副总工程师左虎深有感触。2006年5月，中咨公司对潘口公司的移民工作的初步考察意见认为，潘口工程竹山移民的宣传和基础工作都比较扎实，但是由于竹溪容量有限、地少人多，要完成1.2万的移民任务难度很大，专家们对该项目评价不高。在这种情况下，汉江集团和市（县）人民政府的有关人员，多次去北京汇报移民工作。由于汇报态度诚恳、材料内容丰富，中咨公司的专家被感动了，要求汉江水电开发公司尽快补充移民和防洪两个专题报告。

潘口工程评估正值国家新老移民条例交接期间，汉江水电开发公司开始的移民报告是按老条例做的，中咨公司要求水电开发公司在一个月内提交一份符合新移民条例的移民报告。一个月的时间，要补充材料，对材料进行公开、公示，还要将材料报湖北省人民政府审核，然后才能提交中咨公司评审，其难度之高，工作量之大，可想而知。在这紧要关头，业主和设计单位挑灯夜战，在20天内完成并通过了省政府的审核，8月底报告被按期提交中咨公司，得到基本认可。

防洪报告在起初的送评报告中是没有的，是后来专家提出为了增加工程的公益性质加上的。为了如期完成，汉江水电开发公司委托长江委有关部门，在武汉经过 20 多天的苦战终于解决了这一难题。

中咨公司专家组项目评估为期 90 天。这是业主、设计单位最忙碌的 90 天，是有关各方翘首期盼的 90 天，又是令人担惊受怕的 90 天，项目申报、评估工作，真可谓一路走来跌跌撞撞，闯过一道又一道难关，方才解决了潘口水电站工程上马的可行性问题。2006 年 12 月，该项目终于在中咨公司的评审会上得到通过。

项目申报立项分为预可研阶段、可研阶段和核准阶段，每个阶段都包含 17 个分项报告，各个分项报告均由不同的部门审批。比如水土保持报告要上报水利部审批，环评报告要上报原国家环保总局审批，还有移民、劳动卫生与安全等众多的分项报告。只有 17 个分项报告都通过了，才能转入下一阶段的申报工作。预可研报告由设计院所完成；可研报告由业主与设计单位共同完成，必须通过中咨公司专家组的评估；项目核准由业主单位申报，国家发改委主任办公会审批。只有通过国家发改委的最后核准，水电站工程立项才算完成，工程才能正式开工建设。

取得这 4 座水电站的开发权后，汉江集团按照"统一筹划、全面推进、成熟一个、开工一个"的工作原则，加紧进行项目开发的前期工作。为了争取潘口水电站项目早日获得国家发改委的审批立项，汉江集团时任领导贺平、姚树志、胡军等同志不辞辛劳，无数次到北京出差，拜访各部委领导及其相关司局、负责同志，做了大量艰苦卓绝的工作。汉江水电开发公司时任领导们精诚团结，高效配合，努力工作，确保了项目申报工作按计划进行。

项目申报和核准期间，时任汉江水电开发公司副总经理冉笃奎常驻北京，负责到各部委打探信息和催办工作。汉江水电开发公司领导班子成员及综合部、工程部、移民部等部门的同志，在后面做了大量基础性的工作。只要听说国家各部委有关潘口项目核准工作需要什么材料，大后方的所有人员都全力以赴、加班加点，迅速把各种技术说明或者专题补充材料发到北京。在冉笃奎常驻北京的宿舍兼办公室里，项目核准的各种补充材料堆放在办公桌上，竟然有电视机那么高的两大摞。那么多技术说明和补充材料，凝结着业主单位汉江水电开发公司和设计单位中南建筑设计院股份有限公司人员的多少心血，是无法计算的。

可万万没有想到的事情发生了：在2007年9月中旬召开的国家发改委第163次主任办公会上，潘口项目第一次核准工作竟然没能被通过！

在这种情况下，汉江集团领导和汉江水电开发公司的同志们沉着应对，迅速组织人员逐个邀请国家发改委有关司、局的领导和专家，恳请他们亲自到潘口电站坝址现场考察。特别是针对国家发改委负责移民工作的农业农村部农村经济与经营管理司（简称"农经司"）对工程移民补偿和经济效益的疑虑。从办事员到司长的有关人员向其反复进行解释说服工作，补充了大量针对潘口工程的相关资料，解释了所有的移民补偿政策已用够用足。汉江水电开发公司领导和职工们的敬业精神终于感动了国家发改委有关司局的领导和专家们，得到了他们的理解和支持。

这次实地考察工作，使国家发改委有关司、局领导和专家们深入理解潘口项目上马的必要性和在堵河流域水电开发中的重要地位，同时业主单位和设计单位又补充了有力的材料，终于赢得了这些领导和专家们的普遍支持。他们在返程途中，就把考察报告写好了。2007年9月25日上午，国家发改委召开第164次主任办公会，有关司、局领导把潘口水电站项目核准报告和有关补充材料再次提上了会议议程。在这次会上，潘口项目终于获得了最后核准！第163次、第164次国家发改委主任办公会，两次会议相隔仅一个多星期，潘口项目能够在这么短的时间内两次上会，并且经历了从未获通过到正式核准的戏剧性变化，这在国家发改委的项目核准中还是没有先例的。

冉笃奎以工作人员的身份，旁听了国家发改委这两次主任办公会。2007年9月25日，当得知核准结果后，冉笃奎用手机群发短信，以最快的速度向贺平、姚树志汇报："刚开完会，通过！"

当天中午，汉江集团总部机关大院响起了震耳欲聋的长时间的鞭炮声，这个特大喜讯在汉江集团广大职工中迅速传播。当天又正值中秋佳节，汉江集团为了感谢社会各界的关心支持，在南水北调中线工程施工大桥上，燃放了30多分钟的烟花。五彩缤纷的礼花和焰火，绽放着汉江集团对水电开发的理想、信念和豪情。

精诚所至，金石为开。潘口项目的成功核准，得益于各级政府部门的大力支持，得益于汉江集团主要领导、分管领导的强力推动，是汉江水电开发公司全体职工不畏困难、共同努力的结果！

潘口水电站工程项目，创造了当年申报、当年核准、当年开工建设的奇迹。这种高效率，令全国水利行业界人士刮目相看。

国内著名的水利专家王明皓教授得到潘口项目核准的消息后，深有感触地说："汉江集团连潘口水电站这样的项目都核准成功了，今后还有什么样的水电站建设项目拿不下来呢？"

是啊，潘口电站项目核准"事关全局"。如果潘口电站核准不了，那么龙背湾、小漩和孤山电站就无从谈起！汉江集团在这些项目前期筹备工作中累计投入的1.5亿元资金，也就全都白费了。

潘口水电站的前期规划工作持续了漫长的47年，业主更迭、变换了一个又一个，开发权最终花落汉江集团。这是历史对汉江集团的选择，更是机遇对有准备头脑的青睐！

尽管潘口水电站的经济指标不是很好，移民量也比较大，但该项目的核准，为龙背湾、小漩和孤山水电站项目的申报，核准工作打下了良好基础。用5～8年时间，把这4座水电站建成，它们的装机容量就相当于再造一个丹江口水电站。资源和能源是非常宝贵的，在未来经济发展的市场竞争中，谁占有了资源和能源，谁就抢占了制高点，具有更多的话语权和主动性。潘口、龙背湾、小漩、孤山4座水电站建成后，汉江集团就拥有了包括丹江口水利枢纽、丹江口自备防汛电厂、王甫洲水利枢纽在内的共7座水电站，水电发电权益功率大为增加，而且待今后国家明确水电峰谷电价后，电价上调势在必行，水电企业的效益就会更好，这势必进一步提高汉江集团抵御市场风险的能力。

在这种发展格局下，水电企业再次成为汉江集团最核心的支柱，即使将来铝业、电化、地产等行业出现变数，水电企业的利润就可以解决汉江集团9000多名员工的生存问题。而汉江集团的资本规模将迅速增加，实现汉江集团的可持续发展，既为企业的资本扩张提供坚实的基础，也能为当地的经济发展作出重要贡献。

堵河流域、汉江干流水电开发历程，留下了汉江集团人追求水电开发梦想的一串串足迹。随着项目建设的稳步推进，汉江集团人追寻水电开发的梦想变成现实。

（二）王甫洲水电站的成功之道

如果说丹江口水利枢纽工程，拉动了丹江口库区的经济发展，促进了文明进步，带来了社会和谐，那么汉江王甫洲工程，则坚定了汉江集团开发、建设和管理水电工程的信心。时任汉江集团董事长的徐尚阁说："无论从水电站建设的角度看，还是从资本运作、经营管理的方面看，汉江王甫洲水电站这个项目，都是一个非常成功的范例。"

早在2002年1月，汉江集团领导就提出要在供水发电、水资源开发利用等方面，依托水利行业优势，结合自身条件，有所作为。2006年的工作会议，汉江集团再次明确提出，把流域水电开发作为未来一个时期汉江集团发展战略的一个重点。

王甫洲水利枢纽，位于丹江口水利枢纽工程下游30千米处，是汉江干流中下游综合开发的第一座梯级电站，也是南水北调中线工程的反调节水库。水电站安装了4台2.725万千瓦的低水头灯泡贯流式机组，总装机容量为 10.9 万千瓦，总库容为 3.095 亿立方米，总投资 20 亿元。1995 年，工程正式开工建设；2000 年 11 月，4 台机组全部并网发电。

王甫洲水利枢纽工程建设在熬过了艰苦的磨难，投入运行以后，又陷入了连年亏损的僵局。2000 年底工程竣工以后，公司的工作重心，由工程建设转向生产经营管理。但由于"积劳成疾"等多种原因，枢纽运行曾一度出现严重亏损的局面。在公司的财务报表上发现，到 2002 年底，王甫洲公司累计亏损额已高达 5000 多万元，其中仅 2002 年一年就亏损 3916 万元。

王甫洲水电站

面对严重的亏损局面，2003 年，王甫洲公司调整了工作的总体思路，确立了"以生产经营为中心，加强管理，降低成本，完善法人治理结构，建立规范、高效工作机制"的工作思路。电厂认真执行国家电业生产的规程规范，建立健全规章制度，将安全生产贯穿于每一项生产活动之中，严格管理和考核，保证了公司的连续安全发电。王甫洲公司根据生产经营管理的需要，及时修订了《公司财务管理规定》《公司公务电话管理规定》《公司公文处理办法》等规章制度，大幅度降低财务费用和各种管理成本；实行了生产计划会、生产调度会等会议制度，使公司每个员工都明白自己的岗位职责，知道什么时候应该做什么工作、达到什么目标，为公司实现规范化管理迈出了重要步伐。

在水利部和湖北省人民政府有关部门的大力支持下，汉江王甫洲水利水电有限责任公司于2004年完善了法人治理结构，由汉江集团控股。法人治理结构完善以后，王甫洲公司通过大量的工作，积极争取国家优惠政策的扶持，有效地降低运营成本。至此，王甫洲公司的生产经营，步入了持续快速发展的轨道。

2003年完成销售电量5.16亿千瓦时，占当年计划的117.8%；实现销售收入1.5414亿元；缴纳各种税费2944万元；亏损1643万元，比2002年减亏2197万元；财务运行明显好转。

2004年销售电量6.19亿千瓦时，完成当年计划的119%；实现销售收入1.94亿元；缴纳各种税费3683万元；实现利润1753万元；提取折旧费8334万元；偿还各种资金16000万元；财务运行状况良好。

2005年完成发电量7.04亿千瓦时；实现销售收入2.124亿元；缴纳各种税费4022.47万元；实现利润2918.94万元；提取折旧费9443.32万元；偿还各种借款1.46亿元；支付财务费用6003.11万元；财务运行状况良好。

从这些数据可以看出，2004年，是王甫洲公司迎来的第一个盈利年。公司领导在接受采访时表示，这首先得益于天帮忙，上游来水好；其次是人努力，上下拧成一股绳，提高了各种资源的利用率。这一年，王甫洲公司通过加大还贷力度、争取优惠政策等多方面努力，使枢纽工程建设资金的财务费用下降了2094万元；这一年，由于公司首次出现盈利，偿还各种资金1.6亿元，开始盈利时间比原来测算的时间整整提前了5年！

按制度办事，按制度管理，进一步淡化人治的因素，是王甫洲公司经营管理最显著的特点。正如时任王甫洲公司总经理的赵金龙所说的："企业管理其实就是一种约束，更是一种激励。通过约束和激励，充分发挥每个员工的积极性、主动性和创造性，使企业的各项工作得以规范有序进行。"

在短短的两三年里，王甫洲公司经历了从亏损到盈利的嬗变，不但改变了企业在社会上的形象，而且还成为湖北省老河口市的第一纳税大户，在当地经济社会发展中占有举足轻重的地位。

王甫洲水利枢纽竣工后，成功抵御了两次大洪水。首次洪水发生在2003年，当年最大入库洪峰达到1.23万立方米每秒，这是枢纽建成后迎来的第一场大洪水。赵金龙连续15天没有回家，与同志们一起坚持在防汛现场，吃住在坝上。他们巡查了枢纽的每个角落，直到洪水安然经过。王甫洲水利枢纽和公司员工经过了2003年大水的考验，为后来的防汛积累了经验。因此，他们后来在备战2005年汉江秋汛，迎战1.46万立方米每秒的最大洪峰时，就显得比较从容和有把握了。在这两次大水中，王甫洲水利枢纽发挥了进一步削减洪峰的作用，为汉江中下游防洪安全作出了贡献。

截至2006年4月，王甫洲公司已连续安全生产1380多天，上网电量30多亿千瓦时，特别是近几年发电形势较好：2002年发电4.2亿千瓦时，2003年发电5.2亿千瓦时，2004年发电6.2亿千瓦时，2005年发电7亿千瓦时，每年比一年迈出一大步，年年登上新台阶。

闪光的数字，骄人的业绩，为王甫洲公司带来了众多的荣誉。2004年，王甫洲公司荣获湖北省"纳税信用百家企业"、襄樊市（现襄阳市）纳税八强企业和汉江集团"安康杯"竞赛先进单位荣誉称号。2005年，又先后被汉江集团公司授予"2002—2004年任期好班子""会计基础工作优秀合格单位""会计决算报表先进单位""安康杯"竞赛先进单位等荣誉称号，还被老河口市授予"纳税大户"荣誉称号和"和谐老河口、感动老河口"集体奖等。

如今，王甫洲公司已成为老河口市经济发展的支柱产业，汉江流域水电有序开发的成功范例。

水电站的建设周期长、投资大、还贷压力重，庞大的工程建设贷款和利息曾像大山一样，压在王甫洲公司资产经营者的肩上。如何将王甫洲公司的财务负担卸掉一点，使其在市场竞争中轻装上阵，是汉江集团和王甫洲公司经营者绞尽脑汁的问题。

王甫洲水利枢纽工程总投资约 20 亿元人民币，其中公司注册资本 4.7 亿元，其余资金为银行贷款或其他借款（其中奥地利政府贷款 59694 万奥先令，折合人民币 5 亿元）。由于贷款基数较大，因此工程建成投入运行之时，王甫洲公司就背上了沉重的债务和利息负担。2002 年，王甫洲公司就支付各种贷款利息 8100 多万元。

但到 2005 年，公司年度财务费用下降到了 6003 万元，减少了 2097 万元，降低了 1/4。这是怎么回事呢？

赵金龙说："降低财务费用有两条途径：一是加大还款力度，减少贷款基数；二是进行相关的银行运作，获得较低的借贷利率，同时争取国家财政有关优惠政策。2003 年以来，公司在这些方面做了积极有效的工作。"

贷款利率之高，对王甫洲公司来说有着切肤之痛。王甫洲水利枢纽工程，是 20 世纪 90 年代在汉江中下游兴建的梯级水电站，1993 年由原国家计划委员会批准立项，主体工程于 1995 年正式开工。但由于历史原因，工程建设期间正值国家投资体制变革，股东的入股资金难以到位，特别是《中华人民共和国公司法》颁布实施后，政府机构不能作为公司出资人，而公司在法律意义上的股东没有到位，投资渠道不畅，导致工程建设资金十分匮乏，只有向各商业银行贷款，甚至还向汉江集团部分职工借过款。这样一来，除了奥地利的政府贷款利率较为平稳外，王甫洲公司的其他贷款结构及其利率都非常复杂，最高的贷款利率曾达到过 15%，给工程建设和企业经营带来沉重的负担。

由于工程建设投资额巨大，枢纽自 2000 年 11 月投入发电运行以来，企业的负债率非常高。2002 年，个别银行在分析、掌握了王甫洲公司的基本情况后，对该公司的贷款附加了一些苛刻条件，在国家基本贷款利率水平的基础上，把贷款利率上浮了 9 个百分点。

2002 年底，王甫洲公司领导班子提出，一定要想办法将利率上浮部分去掉。为此，公司领导多次带领财务部门负责人，登门走访为公司提供贷款的商业银行，反复做工作，多次进行磋商，充分利用当时金融行业的市场机制，与其他银行保持接触。2003 年初，在汉江集团的强力支持下，通过王甫洲公司的不懈努力，最终贷款银行作出妥协，不再对王甫洲公司的贷款利率进行上浮，去掉了 9 个百分点的上浮利率以后，公司一年就减少了财务费用 400 万元。

随着枢纽发电生产形势的逐渐好转，王甫洲公司 2004 年度加大了还款力度，在银行中建立了良好的商业信誉，企业形象大大提升。2004 年底，公司又乘势与银行交涉，使公司的贷款利率在国家基准贷款利率水平基础上，向下浮动了 10 个百分点。这样一来，一年又降低财务费用 480 万元。此外，王甫洲公司还适时对贷款结构进行优化、置换，用利率较低的短期贷款，偿还利率较高的中长期贷款。

降低财务费用，最根本的办法是减少贷款总额。自 2004 初以来，汉江上游来水较好，王甫洲水电厂发电形势喜人，公司上下认真做好安全发电、供电和电费回收工作，再加上汉江集团入驻王甫洲公司时的新增注资金 5000 万元，企业利润、折旧费和争取来的中央财政贴息，2004 年王甫洲公司共偿还贷款 1.5 亿元，这也是使银行下浮贷款利率的重要因素。2005 年，王甫洲公司又偿还各种借款 1.47 亿元，其中偿还银行贷款 1.26 亿，使企业的贷款结构进一步得到优化，降低了财务费用。

财务费用的降低，大大减轻了王甫洲公司的经营负担，为企业的持续盈利和良性运营打下了坚实基础。

减轻王甫洲公司的生产经营负担，降低财务费用虽然很重要，但更重要的还是要加快偿还工程建设的贷款。1995 年，王甫洲水利枢纽工程开工建设，也就是从那天开始，作为业主单位的王甫洲公司背上了沉重的贷款，贷款就像一座大山，压得王甫洲公司喘不过气来。

王甫洲公司注册资本为 4.7 亿元，而王甫洲水利枢纽工程总投资却接近 20 亿元，10 多亿元的资金缺口，全部由银行贷款解决。由于工程建设的投资大、工期长、难度大，工程从工程建设转入生产经营后曾经做过一个测算：到 2012 年，王甫洲公司开始盈利，并弥补以往亏损，2018 年股东开始分红。

王甫洲公司自 2001 年转入生产经营后，以生产经营活动中出现的现金流开始还贷，且还款力度逐年加大，截至 2005 年 12 月底，公司已累计偿还各种欠款 3.54 亿多元。王甫洲公司于 2004 年首次实现了盈利，从预估的 2009 年提前到 2004 年，这 5 年的跨越又是如何实现的呢？

偿还银行贷款，企业要依靠自身的收入，经济效益越好，还贷能力就越强；如果没有钱，一切就无从谈起，更别说还贷和实现盈利了。这就是说，要绞尽脑汁去"找钱"。但如何到市场中去"找钱"呢？王甫洲公司的决策经营者，把甩掉债务包袱、追求经济效益最大化的途径，定位在了核心指标——安全发供电上。

从第一台机组发电以后，王甫洲公司领导就高度重视安全生产，把安全发供电作为企业的首要任务来抓。时任汉江集团副总经理、王甫洲公司董事长的贾崇安曾多次强调："安全发电，是王甫洲公司天大的事情，一定要高度重视，抓紧抓好。"

为了确保电厂安全发电生产，王甫洲公司针对发电机组设备比较先进、员工年龄较轻等特点，一方面建立健全机组运行、巡检等各项安全操作规程，另一方面采取"走出去，请进来"的方法，将运行、巡检人员送到兄弟电厂跟班实习，还请丹江口水电厂的技术干部和运行操作人员传经送宝。由于培训工作扎实有效，员工们学习技术刻苦努力，为公司营造出了"时时讲安全，处处为安全，人人保安全"的安全生产环境，为公司的持续安全发电打下了坚实基础。截至 2006 年 4 月 5 日，王甫洲电厂已累计连续安全生产接近 1390 天，为公司经济效益最大化提供了有力保障。

在确保连续安全生产的前提下，发电量的多少及电价的高低，是决定王甫洲公司经济效益的两个重要因素。

为了最大限度地提高水资源利用率，增加发电量，王甫洲公司上下同心，努力控制好发电水头，降低发电耗水率。由于王甫洲电站安装的是低水头灯泡贯流式机组，发电生产有其自身的特点。发电的耗水量与水库水位有着密切的关系，发电水头高 1 厘米或者低 1 厘米，机组每发 1 千瓦时电能的耗水量，就有大的区别。通过工程技术人员冷静分析、反复计算和运行人员的历次试验，他们终于找到了最佳的发电水位，只要把发电水头控制在这个水位，就可以使发电耗水率从过去的年平均耗水率 56 立方米每千瓦时下降到 48 立方米每千瓦时，即每发电 1 千瓦时就可节水 8 立方米。因为基数大，经过分析计算，利用这个节水方式发电，每年可为公司增加发电收入 1000 多万元。

而发电量会受上游来水和机组运行状况的影响。近几年汉江来水较好，因此公司的年度发电量，从 2002 年的 4.2 亿千瓦时，到 2005 年的 7 亿千瓦时，发电量可谓是一年上了一个台阶。

国家发改委对王甫洲电厂实行的是新电新价，但对其发电的要求很高，电价的计算也比较复杂。具体做法是：按照王甫洲水库的丰水期与枯水期，分别确定各水期电价的峰平谷比例。丰水期电价的峰平谷比例为 1 ∶ 1.58 ∶ 1.08，枯水期电价的峰平谷比例为 1 ∶ 1.52 ∶ 0.9；同时还制定了测价内电量电价和测价外电量电价及弃水电量电价政策，不符合峰平谷比例的电量为弃水电量，执行弃水电价，其价格分别为每千瓦时 0.415 元、每千瓦时 0.213 元和每千瓦时 0.09 元。显然，当上网电价为测价内电量电价时，公司经济效益最高，测价外电量电价次之，而弃水电价是最不可取的。因此对王甫洲公司来说，争取较高的测价内电量，控制好电价的峰平谷比例，减少弃水电量，就是提高了上网电价。测价内电量的确定，是国家发改委、湖北省物价局根据各电厂机组的总装机容量及年利用小时数等因素确定的。2003年，王甫洲公司的测价内电量为3.88亿千瓦时，而这一年公司共发电5.2亿千瓦时，并没有使测价内电量占到更高的比例。

2003年以后，正值电力市场偏紧时期，在湖北省物价局和电力公司的大力支持下，王甫洲公司的年测价内电量基数逐年上调。2004年上调到4.54亿千瓦时，2005年又上调到5.79亿千瓦时，接近电站设计年发电量。年测价电量基数的提高，给公司经营带来了较大的收益。

此外，严格成本管理，努力降低生产成本，降低管理费用，尽可能地减少一切不必要的开支，在一定程度上也为王甫洲公司提高经济效益发挥了积极作用。

正因为上述多方面的努力，所以2004—2005年，王甫洲公司取得了良好的经济效益，实现利润4700多万元，使企业实现持续盈利的目标初步具有了可能性。

汉江王甫洲水利枢纽工程不仅是湖北省重点水利工程和汉江中下游第一个发电航运梯级，也是丹江口水利枢纽实施南水北调工程后的反调节水库。它以发电为主，兼有航运、灌溉、养殖、旅游等综合效益。丹江口水利枢纽位于王甫洲水利枢纽上游30千米处，具有较大的调节库容，它不仅能有效调节王甫洲水利枢纽汛期的洪峰流量，而且还能通过有效信息沟通，保持王甫洲电站有效发电水头，提高水能利用率。从近年来王甫洲电站运行的实际情况看，它对实现汉江梯级开发和推动地方经济发展都具有十分重要的社会意义。

王甫洲水利枢纽的发电和防洪与丹江口水利枢纽存在着密不可分的联系，比如资本、防洪、调度，可以相互补充。王甫洲水库与丹江口水库两库联调，能够确保两个水电站在发电、防洪方面协调发展，这样就避免了资源的浪费。为此，汉江集团要求王甫洲公司加强与丹江电厂联系，沟通信息，充分发挥主观能动性，积极抓好安全发供电，争取实现企业经济效益最大化。

　　发电收入是王甫洲公司经济效益的直接来源。从 2003 年起，王甫洲公司运行体制实现了由建设管理向生产经营管理的转变，王甫洲公司十分关注枢纽运行效益与丹江口水利枢纽的关系后，积极与丹江电厂取得联系，建立发电信息资源共享的协作关系。与丹江电厂实现了调度信息资源共享以后，王甫洲公司每天都能及时了解到丹江电厂的日发电计划，丹江电厂发电水量经过 4 个小时后才到达王甫洲电站，这样王甫洲公司就有充分的时间根据丹江电厂提供的信息来制定相应的日发电计划，并通过保持合理的发电水头、及时和湖北省电网调度保持联系、争取电网调度的支持，确保王甫洲电站的日发电计划得以实施，使王甫洲电站的发电处于最佳状态。经过技术人员的分析调研，科学地确定了最佳发电水位，不仅确保了发电机组的安全运行，而且还降低了发电耗水率，增加了发电量。未找到最佳水位前，曾在每年都进行的例行检修中发现一台机组进水口拦污栅发生裂纹和断裂 150 多处，确定最佳水位后，拦污栅的损坏最多只有 40 多处，保证了机组安全、稳定运行。通过控制合理的发电水头后，一年就可增加发电量 3800 万千瓦时，增加产值 1200 万元。时任王甫洲公司生产技术部经理的叶树生说："丹江电厂对我们公司的支持服务是非常有效的，为王甫洲电站保持有效的发电水头提供了准确可靠的信息，我们之间已经建立了良好的协调关系。"

　　在防汛方面，达到了防汛信息资源的共享。每到汛期，汉江集团信息中心全力支持并指导王甫洲水利枢纽的防汛工作，汉江集团防汛指挥部门深入现场检查指导防汛准备工作，并在第一时间内将汛期的水情信息通知王甫洲防汛指挥部，对王甫洲枢纽防汛工作的有序开展起到积极作用，从而确保了王甫洲水利枢纽安全度汛。2003 年汉江遭遇 19 年一遇特大洪水，丹江口水利枢纽防汛指挥部接到长江防总可能开闸泄洪的信息后，及时通知王甫洲防汛指挥部，为王甫洲公司做好防汛抗洪各项准备工作赢得了宝贵的时间，也为王甫洲公司取得 2003 年防汛工作的全面胜利起到了积极作用，更为 2005 年战胜汉江 22 年以来的最大洪水积累了经验。

时任丹江口水力发电厂厂长的郭生柱说："从电站检修方面来说，丹江电厂和王甫洲电站实现了检修资源共享，从开始到现在，两家的合作都十分愉快。"王甫洲公司没有专门的检修队伍，王甫洲电站的大小检修和机电试验都是由丹江电厂检修公司承担的，只要王甫洲公司有检修任务和需要，丹江电厂检修公司人员都能在第一时间赶到现场。两个电站在检修设备方面实现了共享，达到了互惠互利。为了最大限度地减少王甫洲电站的弃水，提高王甫洲公司的经济效益，两家的检修都安排在同一时段内，双方都尝到了甜头。这为汉江集团之后的水电开发也提供了借鉴作用。

自王甫洲公司 2004 年完善公司的法人治理结构以后，占有绝对控股地位的汉江集团始终把王甫洲公司的事当成自己的事来做，在治理结构和人员组成上基本是实现了一体化。贾崇安说："因为我们实现了绝对控股，汉江集团加大了管理力度，所以我们在通信、水情调度上和水库调度上，都尽可能优化，尽可能地去做促进企业发展的工作。以前治理结构不够完善，做这些工作就不太好开展，我们控股以后，就可以综合考虑各种因素，使资源损失降到最低，确保了丹江口和王甫洲两个水利枢纽共用一个平台，同步联调，实现了效益最大化，从这个角度来讲，是一种资源的整合，这也是有的企业无法比拟的。"

让企业的资本进入水电市场，是汉江集团由来已久的愿望。

汉江集团是以水电起家兴业的国有特大型企业，有着稳定的人才、技术和资本，然而在将资本投入到王甫洲的水电经营中，汉江集团的选择却是非常慎重的。

1995 年 2 月，汉江王甫洲水利枢纽工程正式开工建设。当时中国的资本市场尚处在一个新兴加转轨的起步阶段，资本市场还相当不完善，市场经济正由"卖方市场"走向"买方市场"，计划经济的行政干预还深刻地影响着市场，这给王甫洲工程建设的资本市场带来了重重困难。由于投资体制不完善，出资人不到位，长期制约了王甫洲公司的法人治理结构。在计划经济与市场经济相互交叉，相互制约的情况下，要突破这种瓶颈，必须要建立一个清晰的按市场规则要求构建的新机制。

当时的王甫洲可谓举步维艰，负债沉重。从 2000 年投产运行到 2002 年底，仅两年多的时间，公司累计的亏损额就高达 5000 多万元，其中仅仅 2002 年一年的亏损额就达到 3916 万元。2003 年，王甫洲公司仍然持续亏损，这一年的亏损额为 1643 万元。

2004 年 7 月，汉江集团召开董事会，根据财务评估报告，冷静客观地分析了王甫洲的经营现状和未来前景。经过激烈的讨论和客观深入的分析预测，各方观点基本趋向一致：王甫洲工程本身是一个优良资产，让汉江集团的资本进入这样的水电市场，具有金字塔一样的稳定性。最后，董事会决定拿出 5000 万元资金控股王甫洲。正是这次明智的选择从根本上改变了王甫洲的命运，改写了王甫洲的历史，为王甫洲公司未来的资本市场奠定了可持续发展的根基。

2004 年 8 月 2 日，湖北汉江王甫洲水力发电有限责任公司（原王甫洲水利水电总公司）召开了首次股东会、董事会、监事会，明确了各方的责、权、利，至此，王甫洲公司的法人治理结构才真正得以完善，步入到了真正意义上的按照市场游戏规则运行的轨道。

8 月 3 日，湖北汉江王甫洲水力发电有限责任公司在老河口市举行了隆重的揭牌仪式。新组建的公司由汉江集团、湖北省电力开发公司、老河口国有资产经营有限公司分别以 63.8%、23.0%、13.2% 的出资比例对原汉江王甫洲水利水电总公司进行改造，正式挂牌湖北汉江王甫洲水力发电有限责任公司，注册资本金为 4.7 亿元。汉江集团以绝对的控股权和强有力的支持掌握了经营王甫洲公司的主动权。

资本扩张的最终目的是让资产不断增值。汉江集团投资 5000 万元资金控股王甫洲，是一次资本以少胜多的成功扩张。

徐尚阁说："有了控股权，就有了主动权。股权对企业来说举足轻重，虽然董事会是按照董事一人一票，但股东会却是按照比例的权重来当家理财。汉江集团的出资比例占股权的63.8%，按照国家统计法的规则要求，王甫洲水力发电有限责任公司每年的产值、资产、利润都要并到控股方，这不仅进一步巩固了汉江集团水电开发的基础地位，而且也壮大了汉江集团的经营规模，提升了汉江集团的整体实力。2005年，汉江集团公司实现销售收入34.06亿元，利润2.38亿元，税收3.93亿元，总资产达53.36亿元，国有资产保值增值率达104%，为1968年开局以来之最。"

汉江集团控股王甫洲公司，同时也实现了资源的整合。贾崇安说："由于我们是绝对控股，因此我们在治理结构和人员组成上基本实现了一体化。同时，由于汉江集团加大了控股力度，因此我们在通信和水情调度上、优化水库的调度上，才能尽可能地优化，尽可能地去做这些工作。严格来讲，王甫洲公司的发电和蓄水位是对丹江有影响的，使我们的尾水提高，这里面丹江电厂是有损失的；对丹江发电是有影响的。整个控制以后，综合考虑这个因素，损失可以降到最小，也可以使王甫洲效益最大化，从这个角度来讲，是一种资源的整合。"

一个优秀的企业是能够预见机会并以新的方式综合实际的潜在因素来实现这种机会，能够冒风险并驱使自己努力实现幻想。在市场的嬗变中，汉江集团大胆而果断地选择了王甫洲公司，使流动的资本沿水电方向脉动，将资本扩张一步到位。

（三）丹江铝业公司"全系统营销管理"之路

2002年，对丹江铝业公司来说是极不平凡的一年。

2002年，对丹江铝业公司来说又是大丰收的一年。

自2002年以来，铝市低迷，竞争激烈，要从市场上"抢杯羹"并非易事；而天公也不作美，枯水限电导致"倒送电"猛如虎，无情吞噬着丹铝人的辛勤与汗水。

然而，就是在这样的年份里，丹江铝业公司从市场中勇夺3000余万元利润。

有人说，成绩的取得得益于丹江铝业公司"目标成本管理"活动的深入开展，而更有人说，在成绩的面前，"全系统营销管理"更可居功自傲。

不错，深入开展的"目标成本管理"工作使丹江铝业公司的"瘦身"计划得以落实，使丹江铝业公司的"减肥"目标得以实现。而"全系统营销管理"理念的导入，则是一支丹江铝业公司2002年搏击并赢得市场的重剑，直指夺取利润的命脉。

"营销是营销部门的事"，在以前，丹铝人普遍如此认为。一线员工只要把生产任务完成，科研、供应、管理人员只管把各自岗位上的工作做好便可，员工普遍缺乏市场观念和营销意识。在市场竞争激烈残酷的今天，丹江铝业公司管理层深深地意识到了这一问题存在的严重性。

在2002年初丹江铝业公司召开的工作会上，时任丹江铝业公司总经理的何晓东明确指出："进一步转变营销观念，推行'全系统营销管理'"。"全系统营销管理"是一个全新的经营理念，它作为丹江铝业公司2002年主要工作任务之一被明确写进总经理的工作报告。

始终贯彻和牢固树立"质量第一，用户至上"的思想，以市场营销为龙头，实施"全系统营销管理"理念。丹江铝业公司领导层认识到，现在铝市低迷，市场竞争激烈，要想在残酷的市场竞争中有所收获，最大限度地抢夺市场份额，企业必须要有一个对市场反应高度敏捷的全员性、全过程的运作机制，必须强化市场营销工作，企业的各个部门都要支持和服务于市场营销，各个部门、各个环节、每个员工都必须紧紧围绕市场营销开展工作。这就是"全系统营销管理"。

2002年3月25日，何晓东主持召开了"全系统营销管理"首次工作会。

在这次工作例会上，何晓东提出要实现公司发展的"两个转型"，其中之一就是由"生产型"转向"营销型"。他要求，将全系统营销管理例会形成制度，每周召开一次例会并形成纪要。

至此，丹江铝业公司全面贯彻"全系统营销管理"理念的工作开始迈上了制度化之路。

将"全系统营销管理"理念向每个员工灌输，让市场意识、营销观念占据员工的思维，变成每个员工的自觉行为，指导员工的工作实践，这是全系统营销管理工作深入贯彻并取得实效的关键，更是难点所在。对此，该公司上下认识高度统一。

全系统营销管理例会每周定时召开。公司领导和生产、营销、仓储管理、运输等部门的责任人会聚一起，共同分析全系统营销管理理念在贯彻中出现的问题，及时提出改进意见，共同学习好的营销案例，来指导这一工作的顺利开展。

自丹江铝业公司正式提出深入贯彻"全系统营销管理"理念伊始，《丹江铝业报》就成了宣传贯彻这一理念的主阵地。按照公司党委的部署，《丹江铝业报》开展了强劲的宣传攻势。在报纸的第一版开辟专栏《"全系统营销管理"大家谈》，让员工们谈理解、谈认识、交流思想。报纸的第三版不失时机地开设了《"全系统营销管理"你了解吗？》专栏，向员工们广泛地宣传介绍全系统营销管理的知识。通过宣传教育，广大员工纷纷结合各自的岗位、各自的工作审视以前陈旧的观念，慢慢地领会出全系统营销管理理念的精髓。

砂石厂筛分队有位开皮带机的女职工，这位本与销售无关的工人在队里有组织的全系统营销管理学习中，对营销工作有了新认识。观念的转变促使她上演了一出"推销记"。身为厂里的职工，眼看着堆积如山的砂石料卖不出去，她心急如焚。终于在一个双休日里，这位女工大胆地来到建筑工地，勇敢地向素不相识的建筑老板推销产品。她前后到工地7次，终于在第 7 次见到了老板的模样。虽然最终一笔"生意"也没有谈成，但这位女工着实过了一把"销售瘾"。她的观念已经融入营销之中，她的行为已经走进了市场，走进了客户心中。

强劲有力的"全系统营销管理"理念宣传贯彻攻势强烈冲击着职工"营销是营销部门的事"这一陈腐观念。现在，员工们说："营销并不仅仅是营销部门的事，它与我们每个员工，和企业的每个岗位都紧密相关。员工的思维开始走向市场，心思开始接近客户。"

市场营销部是企业营销工作的直接参与者、完成者。全系统营销管理理念对丹江铝业公司市场营销部营销人员的思维冲击很大。在加大营销队伍的同时，他们的心思更多地放在如何抢占市场，如何赢得客户上。只有通过每个人的不懈努力，才能打出公司自己的品牌，才能将公司优质的产品从市场上换回效益。他们认识到了自己工作的重要性。

而更多职工开始思索"我的岗位与营销的关系"；生产单位人员对"生产出优质低成本的产品与营销"的关系有了深刻的认识和理解；附属单位认识到提高服务质量也是营销成功的润滑剂；生产的各个环节，也有了互为"上帝"的概念；职工们"内部员工也是客户"的意识更加强烈。

厂领导开始带头学习全系统营销管理知识，结合仓储厂的实际向员工们的大脑中灌输。"客户再小的要求也是大事""一个小小的失误可能导致公司失去一个客户，甚至一片市场"。认识深了，言行也变了。客户来了，他们微笑迎客，一杯清茶，几句寒暄，让客户心里感到暖暖的。

2022 年 8 月 1 日晚，钟祥市某电缆厂在仓库装完 3 车电工圆铝杆后，已是次日凌晨 1 点，大家这才拖着疲惫的身体回家休息。6 天后，该厂又来拉货，接到市场营销部的通知后，仓储厂厂长彭选林迅速安排天车工、保管员和装卸工现场待命。上下成品库保管员周书华吃完晚饭便早早地来到了仓库，原定的夜晚 8 点钟到站拉货，谁知由于中途修路，电缆厂的车队半夜 11 点半才到。仓储厂的职工忙着发货装货。

"每一次加班都意味着我们的库存在减少，意味着产品正在转化为效益。"仓储厂职工从自己的工作意义上来领会"全系统营销管理"的精髓。以市场为导向，生产出适销对路、质优价廉的产品是生产单位对"全系统营销管理"理念的认识。

由生产环节到营销服务环节，由上道工序到下道工序，全系统营销管理理念正在员工头脑中融入、渗透。市场无情，残酷的竞争让不思进取者和束手无策者倒下。而丹江铝业公司，在市场低迷的境况中，找准了搏击市场的重剑，并依靠这把利剑，在残酷的竞争中赢得了骄人的战果。

人人心中有营销，道道工序为客户。企业建立了一个反应高度敏捷的全员性、全过程的运作机制，各个部门都在支持和服务于市场营销，各个部门、各个环节、每个员工都在紧紧围绕市场营销开展工作。"全系统营销管理"理念的贯彻实施将为丹江铝业公司在今后的发展带来长久的利益。

（四）拥抱数字经济，发展新业态

汉江河畔，碧水流淌，丹江口大坝巍峨矗立。坝前右岸城区的大数据产业园内，已建成的3200平方米的武当云谷1号数据中心（简称"1号数据中心"）在蓝天白云映衬下分外醒目。室内，1号数据中心A机房各项设备调试完成，随时待命；室外，项目园区建设已初具雏形，2座35千伏变电站全部具备送电条件，万事俱备。

2022年5月30日，1号数据中心顺利通过试运行验收，1号数据中心A机房正式投入使用。这是汉江集团2022年重点项目建设的阶段性成果，是全体参建人员保质保量、争分夺秒推进项目建设的辛勤结晶。

项目的诞生，是汉江集团审时度势，主动融入数字经济发展的战略举措。随着进入数字经济时代，大数据已然成为国家基础战略资源和核心资产，国家"十四五"规划明确提出"加快数字发展，建设数字中国"的目标。经过详细的前期调研和考察，汉江集团将目光投向新型基础设施建设，把武当云谷项目作为发展新业态的重要抓手列入汉江集团"十四五"期间的重点建设项目。

武汉云谷数据中心

"与丹江口水利枢纽工程毗邻，武当云谷项目是基于汉江集团自身优势而建，也是汉江集团在把握数字经济发展战略机遇的有益尝试。"据大数据公司副经理张涛介绍，丹江口水利枢纽能为数据中心提供安全、稳定、可靠的电力，而丹江口水库的深层冷水资源能为数据中心机房提供有效散热途径，进一步减少能源消耗。得天独厚的优势，为数据中心建设提供了先天条件。项目规划建设6栋数据中心和1个展示中心，按照"整体规划，分步实施"的原则，项目一期拟建9200平方米数据中心和3200平方米数据中心各1栋，以及供电供水配套设施。

方向已定，后续工作迅速铺开——2021年7月24日，汉江集团与中国电信股份有限公司湖北分公司就武当云谷大数据中心项目签订战略合作协议；8月23日，项目在丹江口市委、市人民政府和有关合作单位的共同见证下正式启动；11月22日，项目成为丹江口市首批"五证同发"工程建设项目，具备正式动工条件；11月30日，1号数据中心土建工程正式动工……

"要加大客户资源引入，1号数据中心于5月底建成投运。"汉江集团 2022 年工作会议为 1 号数据中心建设明确了目标，"要在加大项目建设力度的同时，强化施工现场安全管理，严格落实主体责任，确保项目建设各项任务按照时间节点如期完成。"项目建设过程中，汉江集团领导多次率队前往项目现场查看工程建设进展及安全生产情况，开展监督式调研，尤其是在 1 号数据中心冲刺建成投运关键阶段，现场办公协调解决项目建设中遇到的难点和问题，为项目建设打通"任督二脉"。

电力是数据中心重要的核心资源，武当云谷大数据中心建设离不开坚实的供电保障。按照项目规划，一期配套供电工程需在园区内建设 2 座 35 千伏变电站。接到这一重任，水电公司高度重视，组织专班编制相应供电工作方案，尽早全面启动供电工程前期规划，与设计单位现场勘察专用变电站，提出初步构想。经过反复研究和论证，水电公司克服数据中心供电分两期建设存在的施工规划、供电设备高可靠性选型要求等一系列难题，形成工程初步可研报告，顺利通过评审。

为确保项目配套供电系统建设按照进度安全有序推进，水电公司主要负责人周期性跟进项目进度，进行现场指导，并抽调精兵强将，成立项目部，由专班负责变电站建设。"武当云谷大数据中心按照 A 级数据中心标准进行建设，对供电的可靠性要求极高，我们必须高标准、严要求推进变电站建设，完成好这一新任务。"水电公司生产技术部负责人左云峰信心满满地说。

自 2022 年 3 月初变电站进场施工以来，工作专班克服重重困难，加强现场作业协调，有序推动建设进度，在前期全面开展预防性试验、现场验收暨试运行并经过多轮次仔细检查调试后，5 月 22 日下午，1 号数据中心成功接收云谷变电站 10 千伏高压电输入，所有设备运行正常。5 月 23 日 20 时，1 号数据中心成功实现双电源双路送电，为机房正式投运夯实了基础。

"要加快推进武当云谷大数据中心等在建项目建设，确保尽早投产见效。"汉江集团 2022 年一季度运营管理分析例会上，集团领导再次对项目建设提出要求。

2022 年 3 月 1 日，1 号数据中心实现主体结构封顶；3 月 10 日，武当云谷 1–A 号数据中心（简称"1–A 号数据中心"）开工，项目一期工作全部铺开、全面发力，工程建设进入奋力拼抢冲刺的快车道。

项目建设凝聚着建设者们的心血。每天在工地上奔走，马不停蹄地协调处理各种综合事务的大数据公司工程部员工孙强伟，和同事们一样，没有节假日、休息日，虽然辛苦，但看着 1 号数据中心从无到有，再到拔地而起，他的内心激动而自豪。"能为项目建设贡献一份力量，虽然辛苦，也值！"孙强伟笑着说。

奋斗身影不仅在工地一线，汉江集团机关安排到大数据公司交流的 3 位小伙子，自 2021 年底参与项目建设以来，主动融入公司团队，充分发挥自身专业优势，既能在工地前线贴近学习，又能服务公司高效运转，一项项制度的印发执行，一个个合同的规范订立，一份份单据的快速处理，他们以实际行动践行了使命担当。

从拿到"五证"到投入运行的半年多时间里，大数据公司集结多方力量，在安全、质量、进度方面多措并举，攻坚克难，为 1 号数据中心安全投入运行按下了"快进键"。

2022 年 1 月以来长时间的低温雨雪天气和 3 月以来严峻的疫情形势，给 1 号数据中心工程建设带来极大挑战。"恶劣天气影响室外施工进度，疫情使得项目建设中不少关键设备无法按时订（到）货……项目建设遇到了不少困难。"大数据公司工程部负责人黄清平介绍，"但我们的进度始终没有落下。"

挑战当前，大数据公司积极应对。一方面，公司与参建单位加强沟通协调，在确保安全的前提下全力以赴抢抓施工进度，2022 年，正月初四春节假期还没结束，项目就已正式复工，复工后，大数据公司全员上阵，

"5+2""白加黑",忙到夜里11、12点是工作常态。另一方面,公司会同地产公司、水电公司、汉江润北公司做好项目园区和35千伏变电站区域施工组织协调,督促施工单位加大人员投入、合理安排班次、适时开展夜间作业,为克服疫情影响,公司及时更换设备厂家,加大跟进设备订购及供应力度,狠抓安全管理,统筹开展立体交叉作业,确保施工安全和质量。

在冲刺投入运行的关键时期,白天公司全员一线值班,大数据公司党支部党员、入党积极分子带头到工地一线开展夜间值守,当好与施工单位现场协调的桥梁,主动服务保障项目重要节点顺利实施。

随着难题逐个攻破,工程建设也跑出了"加速度"——继1号数据中心顺利实现主体结构封顶后,装饰装修和机电安装紧随其上,土建、场平等根据天气状况交叉加速进行,1号数据中心A机房模块化机柜完成安装程序……仅用2个多月,1号数据中心便进入投入运行的收尾阶段。

"1号数据中心的成功投入运行,将成为'智慧十堰'坚实的数字基础底座,更为下一步1-A号数据中心的建成投入运行起到标杆和引领示范作用。"张涛表示。

顺着张涛手指的方向,与1号数据中心相邻的1-A号数据中心基础结构已全面封顶,进入地上主体结构建设施工阶段,一栋9200平方米的现代化数据中心数月之后也将呈现,届时将提供机架数约1100个,容纳1万台高性能服务器运行。武当云谷项目一期早日全面建成投入运行,正是项目建设下一步的努力方向,距离"将武当云谷项目打造成为全国最绿色节能数据中心"这一目标的实现,已越来越近……

三、勇于创新、勤于实践,一线生产见实效

勇于开拓的精神,就是要立足实践,扎根基层,以真抓实,干出实效。迈入新时代后,汉江集团人把思想解放的新成果转化为贯彻落实高质量

发展的自觉行动，把改革创新精神贯穿于各项实践活动的全过程，坚持以饱满的热情、创新的精神、务实的作风，富有创造性地开展各项工作，努力取得看得见、摸得着、促进高质量发展的实际成效。技术革新，匠心传承，他们奋战在基层一线，苦干巧干、尽心尽力，一位位敬业爱岗、技术精湛的技术骨干和岗位能手，一批批作风优良、攻坚难关的创新工作室应运而生。

创新工作室成果展示

（一）劳模工作室里的创新故事

"创新不是简单的模仿，要打破定势思维并不容易……"湖北省劳动模范、丹江电厂起运分场主任邢佃兵在一次劳模创新工作室培训活动中，向工作室成员们这样讲道。这是一次关于创新能力的集体培训，也是他的工作室自成立以来开展的第7次活动。

2015年5月，以邢佃兵名字命名的"邢佃兵劳模创新工作室"在丹江电厂成立，该工作室旨在充分发挥劳模的引领示范作用，探索技能人才培养新模式，大力实施技术创新和管理创新，解决枢纽运行管理中的技术难题。除邢佃兵外，其他5名工作室成员也都是来自起运分场的技术骨干和岗位能手。

"在大家的印象中，劳模就是'出力流汗'，做事卖力、勤快，但我们想做的是，能用'巧劲儿'，不仅要做爱岗敬业的模范，还要能在企业创新的前沿，同样发挥模范作用。"邢佃兵说，这既是工作室成立的初衷，也是奋斗的目标。因此，工作室刚一建立起活动管理制度，就启动了各类培训为创新"打基础"，并鼓励成员们结合平时工作实际提出创新课题。

拥有两项技师资质的工作室成员沈志丹很快就想到了自己工作中遇到的难题。沈志丹是起运分场里电梯维护保养方面最权威的熟手，但对于大坝 3 台电梯偶发困人故障的救援处理仍时常觉得力不从心，如何能更快、更高效地实现救援又不混乱？这一问题常常困扰他。另外，高级技师张爱国也提出了门机运行流程中的一些不规范问题。邢佃兵带领工作室成员们在工余时间里聚在一起多次讨论、研究，确定了两个管理创新项目"大坝电梯困人救援流程开发"和"门机运行流程再造"。

"劳模创新工作室也不能只是个'劳模会议室'，我们的创新更重要的是要放到生产实际中去实践、去检验。"起运分场党支部书记张文利介绍说。前段时间，张文利作为电厂企业文化考察团的一员，专门到葛洲坝"黄大可劳模创新工作室"取经，回来后把这个理念又灌输给工作室成员们，大家更加坚定了"要把工作室搬到生产现场"的想法。

两个管理创新项目"大坝电梯困人救援流程开发"和"门机运行流程再造"就在生产现场完成，并已经取得实效。"以前，大坝电梯出现困人事故，里面的人慌乱，外面的人打乱仗，救援的时间大多被用来协调各方，白白浪费掉。现在流程捋顺后，一般半个小时以内，甚至只要 10 分钟，被困人员就可以被安全救援出来。"沈志丹介绍。工作室成员们经过多次实战演练，把最节省救援时间的流程、分工列出来，并经过多次改进，最终确定，救援效率已经在困人事故中得到了检验。而门机的流程再造，则为每个流程中的每项操作、每项设备都细化了责任人，实现了标准化作业。

工作室又将这两项成果通过职工培训在整个分场甚至更大范围内推广

使用，获得了认可。现在，邢佃兵和他的成员们还在继续努力推进"流程再造推广应用"和"闸门启闭机教材开发"的创新课题，希望能通过更多标准流程的推广以及最贴近电厂生产实际的闸门启闭机教材，来提升职工工作水平，创造出效益；也力求不仅局限于管理创新，还要在技术创新上下狠功夫，取得突破。

2016 年 12 月，工作室获评"长江委（职工）劳模创新工作室"；2017 年，工作室获评湖北省总工会命名的"湖北省（职工）劳模创新工作室"，成为全省百个创新工作室之一，也是 2017 年度长江委唯一一个获得此项殊荣的工作室。

南水北调中线一期工程通水后，丹江口水利枢纽工程运行管理面临着新形势和新要求，邢佃兵劳模创新工作室"应运而生"，成为枢纽运行管理的前沿阵地和技术中心，创新枢纽运行管理成为工作室的首要研究课题。

丹江口水利枢纽弧形闸门支铰润滑是多年来的技术难题。2017 年秋汛前，邢佃兵主动将其列入"攻关日程"。在他的带领下，团队成员无论是晴天还是雨天都坚守在一线，通过反复测试与修改，设计出了一套可行便捷的电动润滑实施方案，11 扇弧形闸门支铰注油润滑取得成功，汛期安全准确启闭深孔 44 次，为丹江口水库防汛和蓄水安全提供了重要保障。

立足于丹江口水利枢纽运行管理，工作室先后完成了"坝顶门机运行流程再造及推广""丹江口大坝垂直升船机维修技术优化和故障排除"等多项技术创新成果，但邢佃兵团队并不只满足于此。近年来，汉江集团明确了"做大水电"战略，丹江电厂提出"争做汉江集团水电板块的排头兵，管理典范和人才培养的黄埔军校"的口号，对外运行维护检修项目"遍地开花"。邢佃兵劳模创新精神随之被带到其他枢纽电站，绽放出熠熠光芒。

2015 年，工作室成功解决了潘口水电站进水口门机吊具变形、小漩水电站门机抓梁电缆同步性等多项技术难题，保障了潘口、小漩水电站防汛安全和发电安全，直接创造经济效益 130 余万元。

2016 年，在承接潘口、小漩水电站运行维护项目中，工作室成功研制出水工机械模块化检修方案，取得行业领先，并应用在四川美姑河柳洪水电站水工金属结构大修工程中，直接创造经济效益约 60 万元。

在 2017 年的王甫洲水利枢纽船闸活动桥检修项目中，工作室通过分析研究配重拆除方法和螺杆更换方法，并经多次论证改进优化了施工方案，节约费用 30 余万元，也避免了因阻断交通带来的社会问题。

独木不成林，一花难成春。耳濡目染于邢佃兵的劳模创新精神，团队成员们也纷纷成为"创新先锋"。

拥有两项技师资质的工作室成员沈志丹，是起运分场里电梯维护保养方面最权威的熟手，他结合丹江口水利枢纽电梯偶发困人故障的救援处理问题，提出并负责开发了"大坝电梯困人救援流程开发"课题。高级技师张爱国，提出门机运行流程中的一些不规范问题和解决方案，成为"坝顶门机运行流程再造及推广"课题的核心力量。前者成功解决了枢纽电梯故障处理无序的难题，并将解决方案推广至高层住宅小区和办公区域；后者解决了"人机匹配不协调、人员作业效率低"的问题，人员效率提升40%，达到行业先进水平。成员张旭东、嘉宝光带领起运分场职工自主完成斜面升船机绳道自动抽水装置设计、安装和调试工作，提升了职工的技术水平。

更多的正能量被传递到了基层一线。越来越多的职工受益于劳模创新工作室，更加热爱并主动参与到创新活动中。

工作室始终将职工技术培训作为一项重要职责来抓，致力于为企业培育"一岗多能、一专多能"的人才队伍。作为水利部聘任的闸门运行专家，邢佃兵一方面与工作室成员们不断"充电"，另一方面带领成员们发挥传帮带作用，加大技术培训和岗位练兵力度。工作室结合大坝加高后的实际情况编写了门机运行、升船机运行等规程和相关作业指导书，编写制作了培训教材和 PPT 课件，定期举办培训，为一线职工"授业解惑"。

工作室还积极组织一线职工开展技术创新成果展、技术攻关交流等活动，引导职工大胆从日常工作中的问题入手，在学与思中接触创新、实践创新，营造出了"人人创新"的氛围。职工们的技能水平和竞争能力持续提高，多项 QC 成果、合理化建议等获得汉江集团及上级部门的表彰。

现在，邢佃兵和团队成员们还在继续深入研究一些创新课题，并希望能够通过团队的努力加快创新成果的展示和应用，为企业提质增效尽一份力。

"通过创新发展，我们有信心、有决心，使工作室成为一流的水工运行维护管理工作室、水工维护检修技术中心，更好地服务于枢纽电站的安全运行。"邢佃兵这样展望。

创新创效之风，吹遍集团上下。

丹江铝业公司"吴高峡职工创新工作室"自创立以来，先后获丹江铝业公司、汉江集团、长江委考评命名并顺利通过三级复审；2021 年，成为长江工会通报表扬的 5 家工作室之一；2022 年，该工作室再次通过长江工会复审命名，发挥出了创新创效的强大力量。

工作室成立后取得了一系列可喜成果：实施并应用了"铸轧 B 轧机主机上辊直流电机调速驱动器电路技改"等 9 个项目，降低了设备故障发生率；由工作室成员实施的"铝板带分公司铸轧带坯'抗拉强度指标'技术攻关"项目成果、"合理降低铁合金的添加量"、稳定电缆带产品抗拉强度指标，每年可创造经济效益 12.59 万元。工作室成员获长江委"最美一线职工"1 人，"中国铝业杯"全国有色金属行业职业技能竞赛优胜者 2 人，长江委职工职业技能竞赛优胜者 1 人，荣获 2016—2018 年度丹江铝业公司劳动模范 1 人、2019—2020 年度丹江口市劳动模范 1 人。

工欲善其事，必先利其器。铝板带分公司综合室办负责人杨鹏说："我们创建职工创新工作室，主要是以此为平台，发挥传帮带作用，建设人才队伍，备足'金刚钻'，以便进一步做好铝板带分公司安全生产、技术创新、增收创效等工作，以降低设备故障率，提高生产效率，提高产品竞争力。"

2015年，作为丹江铝业公司职工创新工作室试点创建单位，铝板带分公司工会积极启动创建活动，开始进行选址、筹备、装修、试运行；2016年3月，"吴高峡职工创新工作室"成立，2017年，被丹江铝业公司命名。2018年11—12月，工作室通过汉江集团、长江委考评，获评"汉江集团职工（劳模）创新工作室"和"长江委职工（劳模）创新工作室"。

铝板带分公司把职工创新工作室作为开展学习交流、技术培训、实际操作、技能传承的平台，大力弘扬"善钻研、勇创新、敢争先"的团队精神，选拔具有较高业务知识、过硬操作技能、丰富实践经验、善于技术创新的员工进入团队。工作室现有成员6人，出台了管理制度，配备了必要的办公设施，购置了工作台和必要仪器，为工作室创建提供了人才和物质保障。

创建工作的开展，不仅为分公司"新手"提供了成长平台，还为具有高技术、高技能的员工提供了"用武之地"，使他们在技术攻关、创新创效等方面敢于承揽"瓷器活"，在集"难点研究、课题攻关、技术创新、成果展示"于一体的平台上大显身手，提高了职工操作技能水平，巩固了产品质量，降低了可控成本，有力支持了公司产品结构调整。

企业发展的"核心"是技术，技术团队的"芯片"是标杆。

"别看我们人不多，但个个有几把'刷子'，都是创新创效的'急先锋'。"一名工会负责人幽默地说。

由于创建规范、目标明确、考核严格，活跃在基层的职工创新工作室爆发出了惊人的能量。工作室负责人吴高峡是维修电工技师，他历经多次技改磨炼，逐步成长为丹江铝业公司首屈一指的电气技术维修"专家能手"，为公司向深加工转型发展作出了突出贡献。2017年，吴高峡被评为汉江集团"最美一线职工"、长江委第二届"最美一线职工"。他完成的"西门子变频器在废边卷绕机中的应用"等项目，获得汉江集团合理化建议一等奖，多次荣获汉江集团"五小""科技进步"奖。工作室成员王军是维修电工技师，擅长铸轧 PLC 故障诊断与维修。2010 年 9 月，王军荣获"中国铝业杯"第四届全国有色金属行业职业技能竞赛（国家级二类）维修电工决赛十四名；2014 年 9 月，荣获长江委第八届职工职业（维修电工）技能竞赛二等奖。工作室成员明方权是机修钳工技师，擅长机械液压设备维修。2008 年 11 月，明方权荣获"中国铝业杯"第二届全国有色金属行业职业技能竞赛（国家级二类）机修钳工决赛鼓励奖。

工作室成员在生产运行过程中攻坚克难，集众智为攻克难题提供着源源不竭的动力。同时在创建工作中，针对生产的重点、难点，创新工作室组织开展学习培训、技术攻关、创新创效等工作。工作室成员言传身教，积极投身创建活动，组织开展了 1450 铸轧机生产工艺操作规程培训、电工基础及 PLC 编程培训、维修钳工液压传动知识培训、维修电工技能知识培训等，对行之有效的攻关成果及时申报与推广应用，实现公司和员工共同成长、双赢发展的目标。

在变的是技术，不变的是创新。

实践过程中，创新工作室将个人专业技术能力拧成一股绳，着力开展技术攻关和创新活动，攻克了车间和分公司生产的一道道难关。

2019—2020 年，工作室紧紧围绕铝板带分公司"产品结构调整、工艺优化升级"做文章，8 项成果得到应用、1 项成果正在实施中，为企业创造经济效益 101.97 万元；工作室成员经常性地组织安全预案的学习和演练，完成了"煤气系统安全隐患整改"等项目，极大保障了安全生产。

在攻关过程中，团队成员发挥吃苦耐劳的精神，长时间深入灼热烤人的熔铝炉炉体中、潮湿阴冷轧制油的地下室内，忍受着冷轧机轰鸣声，为的就是论证改进的工艺、设备数据牢不牢靠，制定的技术改进方案圆不圆满。不断地学习交流，使成员攻关能力持续增强。

在工作室成员的示范引领作用下，铝板带分公司附加值较高的超高压电缆用铝带产销两旺，电缆带占比突破历史新高，电缆带产品占比、单位产品平均增值双双再创历史新高。

新时代是奋斗者的时代，更是创新者的时代。"吴高峡职工创新工作室"成立后，逐步进入制度化、规范化、长效化发展轨道。下一步，工作室将凭借"新铝带纵剪机组项目"投产达标契机，积极配合企业做好民用防火电缆用铝带的产品开发，在产品转型发展中贡献自己的力量。

（二）技术能手遍地开花

"勇于创新，勤于实践"的干事氛围，锤炼出一位位全国水利行业首席技师。

在汉江集团丹江口水力发电厂，有一位以工作责任心强，严谨细致著称的值长。他参加工作 33 年，担任运行值长 18 年，为电厂发电机组的安全运行、机组增容改造等工作立下了汗马功劳。他曾获得过"湖北省青年岗位能手""汉江集团技术能手"等称号；多次获得"先进生产工作者""最佳文明职工""安全生产先进个人"等殊荣。他就是丹江口水力发电厂运行一值值长——李义铭，被水利部授予首批全国水利行业首席技师。

电厂先后对 6 台水轮发电机组实施了改造增容和设备的更新改造。在 6 台机组相继改造期间，他作为运行值长，在确保系统和机组安全运行的同时，认真学习机组增容改造实施方案和运行操作方案，严格按照两票规定进行机组解备，制定安全措施，进行机组改造试验及机组开机并网等系列操作，为保证机组增容工作的顺利完成尽心尽责，充分体现了其爱岗敬业的精神。他因此获得了"3 号机增容改造技术攻关标兵"的称号。

2003 年 5 月，在进行 220 千伏系统母线倒闸操作过程中，李义铭发现计算机监控系统机组有功及无功调节功能自动退出问题。他及时向上级部门领导汇报，并提出了合理化建议。根据他的建议，检修人员修改完善了计算机监控系统母线倒闸相关程序，消除了在母线倒闸过程中机组有功及无功调节功能自动退出的安全隐患，确保了系统和机组的安全稳定运行，荣获"2003 年汉江集团合理化建议一等奖"。

为了确保电厂安全发供电，李义铭始终坚持"安全第一、预防为主"的方针，严于律己、以身作则，为电厂安全生产作出了贡献。

2007 年 3 月 29 日 21 时 21 分，运行一值正在执行华中网调的调度命令，对 4 号发电机组进行解列停机备用操作。电厂开关站运行值班人员对 4 号发电机组的丹 45 出口开关状态进行确认。值班员袁庆在查看完开关分闸指示器后，又把手电的光线对准 45 开关 C 相 C2 操作机构，发现 C1 和 C2 柱的分、合闸弹簧有细微不同，他立即向李义铭汇报。李义铭凭借多年的运行经验和对设备的熟悉程度，经过初步分析，判断可能是 C2 柱出现异常。于是，他让值班员进一步观察后发现，C 项连动操作杆断裂，从而证明了 C2 柱仍然处于合闸状态的推断。"事关重大，请立即对丹 45 开关做进一步的检查，我马上向上级领导汇报！"李义铭当即认识到了问题的严重性。在接到开关站值班员进一步的确认信息后，时间已经到了 21 时 35 分，4 号发电机组正常停机完毕，及时排除了这一重大安全隐患。这起设备隐患很隐蔽，一是丹 45 开关的分闸指示器指示状态正常，二是 4 号发电机组解列停机备用正常。这起设备隐患的及时发现，为丹 45 开关抢修赢得了主动权，有效避免了恶性事故的发生。由于设备隐患的及时发现，成功避免了设备隐患极有可能造成 4 号机组不能与系统解列，从而导致开关、发电机组被烧毁以及危及电网安全运行的严重考核事故。

2008 年 3—9 月，李义铭带队赴新疆伊犁河流域开发建设管理局所属伊河电网从事电网运行调度及技术管理工作。他主持了伊河电网内的数座变电站和水电站的投入运行试验操作，及时处理了多起设备故障、协调了伊河电网与新疆电力公司的调度工作、保障了网内各工业用户的安全供电，受到伊河建管局和丹江电厂双方的好评。

2008 年 3 月 15 日，伊河电网 35 千伏七南线停电。线路搭接一用户负荷，当天 9 时，七南线停电已做好。按照线路停电第一种工作票要求，线路接地倒闸推上后，通知现场检修人员对接用户负荷的线路进行了验电，验电器验用户搭接线路时有感应电压，这时检修人员汇报给调度室李义铭。他判断可能是由旁边的 110 千伏线路的感应电压造成的，立即通知他们马上停止工作，并且对其线路进行详细的确认。最后查出原因为该项目负责人对线路不熟悉，错把伊犁自治州电网的 35 千伏线路当成伊河电网 35 千伏七南线，李义铭的专业和负责精神避免了一起误入带电设备的人身触电事件。

平凡之中孕育着不平凡。李义铭以他的实际行动诠释着自己的人生。他把每项普通工作扛在肩上，记在心间，用 30 多年的时间坚持去做、认真去做，并将在今后的岁月里一如既往地履行这份承诺。

崔志民于 1984 年参加工作。18 年来，他在丹江口水力发电厂高压试验工作岗位上默默耕耘，从一名普通的电气试验人员成长为具有丰富实践经验的技师，并担任了肩负重要责任的高压电气试验班班长。

从进厂的第一天起，他就努力学习技术理论，刻苦钻研业务实践，通过在本职岗位上勤奋地工作，实现自己的人生价值。在工作中，他踏踏实实求学上进，不懂就问，并利用业余时间自学了电工理论及高压电气技术等相关技术书籍，及时对工作中取得的经验和发现的问题进行总结，正是由于他平时虚心好学，工作中踏实肯干，他很快就成为一名电气高压试验的行家里手，并作为主要技术人员多次协同专业试验机构参与有关高压电器的试验鉴定工作。由于工作成绩突出，得到领导及同事们的认可，他被任命为高压试验班班长。面对新的重担，他没有畏缩，而是积极带领全班人员，全身心地投入到全厂电气设备的试验测试工作中去，往往哪里最辛苦，就能在哪里看到他的身影。

丹江口水力发电厂是一个已运行 30 多年的老厂，设备工艺落后以及陈旧老化的问题日益突出，而作为华中电网的主力调峰、调频电厂，丹江电厂的安全运行对电网的稳定有着重要的作用。从 20 世纪 90 年代初开始，电厂全面展开设备技术更新与改造工作。针对这种状况，他除更加认真地带领全班人员做好日常的工作外，还积极组织做好改造后设备检验鉴定工作，同时还经常组织大家学习掌握最新的电力科技知识，对技术改造工作提出诸如改善测量方法等一些好的建议和施工方案，提高技术改造的有效性。为了能尽快灵活掌握运用新技术，他常常加班加点，认真仔细地研究和做好每一项试验工作，为技术改造提供了准确参数。发电机组主设备是电厂技术改造的重中之重，通过试验提供的数据为电厂发电机改造后增容提供了依据，并且通过已完成的 4 台机组改造增容证明，电厂机组出力已由原 90 万千瓦上升至 96.5 万千瓦，后 2 台机组改造后电厂装机容量将突破 100 万千瓦。

在电厂机组改造增容期间，他组织大家认真做好每一项工序。1 号发电机是苏联在 20 世纪 60 年代的设备，老化严重，由于结构笨重使得改造困难加大，为了更好地确保增容效果，他带领试验人员对设备参数做了详尽的测试，为改造设计提供依据。特别是对定子铁芯的改造，首次实现了丹江电厂发电机定子铁芯整圆叠片，降低了损耗，提高了运行稳定性，特别是在铁芯装配中发明了具有国内领先水平的铁芯热压技术，通过了专家认证，获"湖北省重大科技进步成果嘉奖"。1 号机改造完成后，其出力由 15 万千瓦上升到 17.5 万千瓦，增容幅度达 16.7%，为丹江电厂进一步提高经济效益和发挥社会效益打下了坚实的基础。

定子新线棒下线前的试验以及线棒接头参数测试也是确保发电机安全可靠运行及电能传输的关键，他针对机组定子线棒交流耐压试验工作的复杂性提出改进方法，用铜箩底网取代锡箔纸材料制作线棒耐压盒，在定子线棒下线后工频交流耐压试验中采用双筒绝缘法，操作简便，节省了大量的原材料，缩短了工期，减少了试验人员的工作量，每台机仅试验材料费用就可减少 2.5 万元，缩短工期又可创造巨大的发电效益。发电机定子绕组端部接头焊接质量的好坏直接影响到发电机出力，他针对接头焊接的特点，提出了采用斜交双探头法测量接头电阻，同时通过组织开展质量管理小组活动，提高了试验效率和参数测量的准确性，接头焊接成果获得了国家级优秀质量管理小组奖励。

求真务实、勇于开拓是他在领导同事们心目中的最深印象，他爱动脑子，善于就工作中遇到的问题进行深入的思考，及时提出自己的建议，取得了很好的效果。开关站是电厂电能分配输送的重要环节，同时也是湖北电网和河南电网的一个连接中枢，他针对设备老化又不能很快更换的实际，提出了许多适用的措施，如电流互感器介损测量有干扰的问题，采用反干扰测量的方法，解决了这一长期存在的试验问题；在对断路器进行电气试验时，他又提出了改变试验周期，加强绝缘监督的意见。在他和同事们的共同努力下，110千伏开关站设备面貌焕然一新，并保持着长期安全运行的态势，保证了该系统供电区的工农业生产持续发展。开关站被授予省级"青年文明号"。

丹江电厂2号变压器是国产220千伏等级容量最大、参数最为复杂的大型三绕组自耦变压器，为了更好地掌握该变压器的特点和应用与维护，他与制造厂家的技术人员一起共同开展了主变压器的空、负载和温升试验。在试验现场，他冒着35摄氏度的高温，一工作就是四五个小时，任汗水浸透了衣服也全然不顾，一丝不苟地进行读表和数值计算。温升试验是考验变压器能否正常投入运行的一项关键试验项目，试验时间长，为保证温升试验的连续进行，他连续值班三天两夜。当夜深人静时，他仍坚守工作岗位，每半小时准确监测变压器油温和冷却器水温，经过夜以继日的奋战，主变压器的空、负载和温升试验顺利结束。他就是凭借着这种吃苦耐劳、认真负责的工作态度，圆满完成了各项任务。正是由于他出色的工作表现，领导和同事们对他给予了更高的评价。

多年来，他通过不懈努力，不断探索试验方法的改进和应用，组织用各种形式进行攻关，如1992年通过QC小组活动，提出了发电机转子直流电组膛内测量试验方法，一改往常需对发电机解体的做法，这样既可缩短工期，也可降低损耗，受到各方面专家的好评，同时该小组还获得了"水利部优秀质量管理小组"的称号。据不完全统计，他提议的技术方案或建议达20余条，大多都被予以采纳实施并推广，有效地解决了实际工作中的许多问题，由此产生的效果受到了大家的公认，多次获得合理化建议、技术能手、五小成果、生产工作者、技术改造功臣奖。

他还十分注重对新技术的学习和理解，并将所学到的新技术加以推广应用。2000年，他带领试验人员，推广谐振变压器应用的技术，使电厂的发电机绝缘监督系统得到了很大的改善，大大提高了机组的安全可靠性。此项技术荣获"汉江集团科学技术进步奖"。

作为高压班的班长，又是电气一次技师，他深感责任重大。高压班青工多，而且分工比较细，是一个"多功能班组"，如何带领全班人员抓好技术培训工作是一件迫切的工作。他合理组织，加强实际工作中岗位培训，在操作中讲解操作要领、操作步骤和注意事项，让职工特别是青工在实践中掌握第一手资料，不断增强感性认识。对于每次试验过程中出现的各种问题，他都认真地做好笔记，然后一一列举出进行全班讨论，从每一个细节入手展开分析，并提出了可行性改进方案，使青工在每次的大小修中不断地提高业务水平。正是由于他开展了形式多样的培训活动，全班掀起了学习热潮，大家你赶我超，共同讨论，共同提高，增强了班组的整体业务技能。

面对成绩，崔志民仍持有一颗朴实的平常心。"初当工人时就没想太多，只是想做一个工人应该做的，好好地踏实地工作，现在还是这样想。"他说，"我要以自己的行为带动、影响周围的人，好好工作，弘扬一种正气，我想我的人生价值也就体现出来了。"这就是崔志民同志，一名平凡而又普通的工人，他凭着强烈的事业心和责任感，兢兢业业地工作着，默默无闻地奉献着，把自己的青春和热血挥洒在电力事业上——一个献身光明终不悔的人。

水利部再传捷报，汉江集团丹江电厂发电分场刘朝锋获评第三批"全国水利行业首席技师"。

刘朝锋1995年参加工作，在运行管理、青工培养、安全生产等方面发挥了技能带头人的作用。近年来，他先后获得"湖北省首席技师"、长江委"技能人才大奖"、第八届"全国水利行业技术能手"等荣誉称号。

6年前，刘朝锋还是一名意气风发的年轻小伙，进入丹江电厂发电岗位后，他时刻牢记师傅们的教诲，在岗位上严格要求自己，认真钻研学习业务知识，在各级职业技能竞赛中屡获佳绩。

2005年，刘朝锋荣获"汉江集团丹江电厂职工技术大比武"二等奖；2008年荣获"汉江集团丹江电厂第二届职业技能竞赛"一等奖，同年获得"汉江集团技术能手"称号；2011年荣获"汉江集团丹江电厂第三届职业技能竞赛"二等奖；2012年荣获"长江委第七届职业技能竞赛"三等奖；2013年被水利部授予第八届"全国水利技术能手"荣誉称号；2015年被湖北省授予"湖北省首席技师"荣誉称号；2017年获长江委"最美一线职工"入围奖，并荣获汉江集团"最美一线职工"荣誉称号；2018年荣获长江委"技能人才大奖"荣誉称号；2017—2019年度获得丹江电厂"优秀共产党员"荣誉称号；2020年荣获汉江集团"安全生产工作者"荣誉称号。

工匠精神是数十年如一日的专注与坚守，是事无大小必精益求精的敬业态度。

刘朝锋坚信只要付出就会有回报，多年来，他带领发电分场的技术骨干、青工一起开展各项技术创新活动、编写技术规程、组织开展QC活动、提合理化建议，为企业发展建言献策。

在设备改造过程中，他勤于钻研，善于思考，及时发现问题，提出解决方案。2010年，丹江电厂计算机监控系统上位机升级改造，按常规，这项工作应在变压器停电状态下进行，需要2号、3号主变压器各停电10小时以上，这样不但会导致丹江 110 千伏系统大面积限电，还将影响到 110 千伏系统电网的稳定运行。他认真查看图纸，仔细分析流程，发现可以在 2 号、3 号主变压器不停电的情况下进行上位机升级改造。最终，他主持开展的这项"计算机监控系统接入变压器控制回路的措施"技术创新项目荣获 2012 年"全国水利行业技术技能创新大赛"二等奖。

作为丹江电厂发电分场 QC 小组负责人，2013 年、2014 年，刘朝锋组织开展的"降低发变组设备故障发生率""提高 220kV 母线电压合格率"课题均荣获全国水利行业优秀质量管理小组 QC 成果一等奖。2017 年组织开展的"缩短做安全措施时间"课题荣获全国水利行业优秀质量管理小组 QC 成果二等奖。2018 年、2019 年、2020 年组织 QC 课题，连续获得汉江集团优秀质量管理小组奖。

二十六载筑路追梦，平凡岗位演绎"丹江电厂精神"。多年的辛勤付出终换来成绩斐然，刘朝锋时常说他每一步的成长、进步都要感谢党和组织的关怀、教育、培养，他的座右铭是"争做一名优秀的共产党员"。

"不忘初心、牢记使命。"他时刻牢记自己是一名共产党员，坚守岗位，担当、奉献，努力进取。他深知作为一名共产党员、丹江电厂的一员，一定要加强政治理论学习，提高政治站位，在岗位上讲奉献，工作上精益求精，无论什么时候，什么岗位，每一步都要全力以赴，都要亮身份、做表率，坚持用党员的标准严格要求自己，用实际行动为"奋斗"作出自己的诠释，就像他说的那样："这次获得'全国水利行业首席技师'称号，要感谢汉江集团、丹江电厂的培养，要以此为契机继续保持奋斗的姿态，认真工作，努力学习，积极开展技术攻关、技术革新、技术交流和技能培训，为汉江集团技能人才队伍建设发挥自己的一点力量，为丹江电厂高质量发展而拼搏和奋斗。"

第六章

丹江口人精神的历史意义与时代价值

丹江口

治 水 精 神

习近平总书记指出：每个走向复兴的民族，都离不开价值追求的指引，每段砥砺奋进的征程，都必定有精神力量的支撑。丹江口人精神是国有企事业单位在社会主义建设和改革开放的时代征程中，在继承和发扬中华民族优秀文化传统和中国共产党人的革命精神的基础上，对兴企、强国、富民，实现中华民族伟大复兴的经营管理实践经验所作的文化积淀与精神升华，体现出自力更生、艰苦创业、顾全大局、勇于开拓的精神实质。

一、丹江口人精神的历史意义

中华民族的悠久治水史孕育了大禹精神、都江堰李冰精神、红旗渠精神、九八抗洪精神等优秀治水传统和宝贵精神财富。在长期的治水过程中，广大水利人以自己的实际行动铸就了"献身、负责、求实"的水利行业精神，在三峡工程建设中形成了"科学民主、团结协作、精益求精、自强不息"的三峡精神，在南水北调工程建设中形成了"负责、务实、求精、创新"的南水北调精神，全国水利系统第一个时代楷模群体，建设和守护香港供水生命线的光荣团队东江—深圳供水工程建设者群体的东深精神。这些宝贵的精神财富传承造就了一代又一代"艰苦奋斗、勇于奉献、特别能吃苦、特别能战斗"的中国水利人，涌现出一批又一批先进人物，创造了一个又一个水利奇迹。

丹江口水利枢纽是一项非常伟大的工程。此项工程对长江流域经济社会发展意义重大，在长江流域建造的几座工程都得到国家领导人的关注，丹江口水利枢纽也不例外。自从毛泽东主席在"长江舰"上向林一山作出将南方的水调入北方的指示后，丹江口工程就被作为在整个长江流域首先建设的大型水利工程，也是我国独立建设的第一个大型水利枢纽工程。1958 年成都会议通过《中共中央关于三峡水利枢纽和长江流域规划的意见》中，决定兴建丹江口水利枢纽工程，该意见中写道："由于条件比较成熟，汉江丹江口工程应当争取在 1959 年做施工准备或者开工。"丹江口工程是在毛泽东主席和周恩来总理的关心和领导之下完成的，这在我国工程建设史上是绝无仅有的。丹江口工程形成了一种感人至深的丹江口人精神——自力更生、艰苦创业、顾全大局、勇于开拓。数代丹江口人坚守在水库 60 多年，这种精神是实干产生的，是水利工作者宝贵的精神财富，同时也是丹江口人传承优良传统、赓续红色血脉的重要载体。

丹江口水利枢纽展新姿

二、丹江口人精神的时代价值

（一）丹江口人精神是汉江集团水利事业的力量之源

丹江口人精神是汉江集团的安身之魂、立命之本，是汉江集团推进汉江水利事业高质量发展的精神支柱，是丹江口人投身实现中华民族伟大复兴的中国梦而不懈奋斗的永续动力。汉江集团每一次的创新发展都是在充分发挥丹江口人精神价值的过程中取得的。

丹江口水利枢纽是汉江流域开发的关键工程，是三峡工程的技术准备工程，也是南水北调中线工程的水源地，在中国水电开发史上占有极为重要的地位。工程开工于 1958 年，由中共中央政治局成都会议批准上马，毛泽东、周恩来、李先念等党和国家领导人高度关注，时任湖北省省长张体学亲任工程总指挥，长江委承担设计任务，在技术、经济极为困难的条件下，10万民工充分发挥主观能动性，历经10多年艰苦奋战，将其建成新中国一座"五利俱全"的大型水利枢纽。

丹江口人精神一直是推动汉江集团水利事业高质量发展的不竭精神动力。当前，汉江集团深入践行习近平总书记"节水优先、空间均衡、系统治理、两手发力"治水思路，切实履行枢纽和水库管理单位职责，建设与管理南水北调中线水源工程，致力于成为保障国家水资源安全和生态绿色开发利用的守护者。坚定不移贯彻"创新、协调、绿色、开放、共享"的新发展理念，坚持把生态效益和社会责任摆在发展的首位，在汉江流域保护治理开发中回馈自然，在产业绿色协同发展中回馈社会，推行清洁生产、节约生产、绿色生产，向社会提供清洁能源和优质生态产品，努力成为生态优先、绿色发展的"排头兵"，助力国家"碳达峰、碳中和"目标。

（二）构建新时代丹江口人精神是汉江水利高质量发展的迫切需要

文化兴国运兴，文化强民族强。文化是国家和民族的灵魂，是推动社会发展进步的精神动力。以习近平同志为核心的党中央高度重视文化建设，多次召开全国宣传思想工作会议、文艺工作座谈会等系列重要会议，习近平总书记多次就文化建设发表重要讲话、作出重要论述，并在全面推动长江经济带发展座谈会上专门对"水文化"作出部署。党的十九届五中全会把文化建设摆在"十四五"时期全局工作的突出位置，对文化建设从战略和全局上进行了部署。党的十九届六中全会通过的《中共中央关于党的百年奋斗重大成就和历史经验的决议》对文化建设单独作了总结，充分肯定了文化建设和意识形态工作取得的成绩，强调党的十八大以来，我国意识形态领域形势发生全局性、根本性转变，全党全国各族人民文化自信明显增强，全社会凝聚力和向心力极大提升。

弘扬丹江口人精神要准确把握时代特征。丹江口人精神是时代的产物，其内涵随着时代的发展而不断发展，在我国社会主义建设不同时期表现出不同的时代特征，具有很强的时代性。时代在变化，实践在发展。在新的形势下，丹江口人精神的光荣传统在内容、方式、特征上都发生了深刻的变化。因此，丹江口人精神也不是一成不变的，它要随着企业战略和外部环境的变化，做到与时俱进，重新提炼，及时变革，在新的企业精神基础上达成新的价值认同。

在改革开放年代构建起来的丹江口人精神，自产生以来，发挥了很好的作用。党的十八大把水利纳入生态文明建设的战略布局，摆在国家基础设施网络建设的首要位置，作出了优先发展的重要部署，特别是习近平总书记在2014年作出关于保障国家水安全的重要论述，进一步明确提出了"节水优先、空间均衡、系统治理、两手发力"的新时期治水思路和要突出抓好的重点任务，为汉江水利高质量发展确立了新坐标，赋予了新使命。

面对新形势新任务，必须清醒认识治水主要矛盾的深刻变化，加快转变治水思路和方式，推动水利工作取得新的更大成效。这些都是汉江集团需要面对、需要研究、需要解决的课题。只有准确把握时代特征，赋予丹江口人精神以时代内涵，才能实现丹江口人精神的新发展，才能使丹江口人精神历久弥新。

三、新时代的丹江口人精神

（一）丹江口人精神构建过程的特点

国有企业是中国特色社会主义的重要物质基础和政治基础，是我党执政兴国的重要支柱和依靠力量。一个企业要发展、要突破、要跨越，就必须培育优秀的企业文化。

当前，汉江集团正处于新阶段高质量发展的关键时期，要更加重视企业文化建设，让先进的企业文化在推进企业转型升级，增强全员凝聚力、向心力、归属感和自豪感等方面发挥更加显著的作用。

加强汉江集团企业文化建设，大力传承和弘扬丹江口人精神，培根铸魂、凝聚力量，是贯彻习近平总书记关于社会主义文化建设系列重要论述精神的生动实践，是落实水利部推动水文化建设部署的必然要求，是坚持长江委"文化塑委"发展战略的有效途径，是推进汉江集团新阶段高质量发展的重要保证，是发挥党的政治优势、加强精神文明建设的坚实载体，是造就高素质人才队伍、促进人的全面发展的有效途径。

丹江口人精神是汉江集团企业文化的核心，在整个企业文化建设中占据重要的地位。在丹江口人精神产生与发展的过程中，其最重要的特点就是企业文化体系化。

体系是一个科学术语，泛指一定范围内或同类事物按照一定的秩序和联系组合的整体。体系化就是事物成为体系的过程。所谓企业文化的体系化建设，是指使企业文化各构成要素自身的系统化、规范化以及各构成要素相互关系的系统化、规范化。企业文化的生命与活力在于它的体系化和系统化，在于其体系化和系统化以及由此所决定的内在的逻辑性力量。系统化、体系化是企业文化的生命，缺乏体系化、系统性与逻辑性的企业文化，只能称为企业文化理念、口号、规范、故事等的汇编，而不能称为严格意义上的企业文化。

在丹江口人精神产生与发展的漫长过程，汉江集团依据丹江口人精神，两次建构了企业文化体系，逐渐形成了较完备的体系框架，为丹江口人精神的传承和发扬奠定了良好的基础。

自 1996 年 10 月 18 日，组建了汉江集团——2014 年，这是汉江集团的第 3 次创业阶段，建立现代企业制度后，汉江集团提出"产业多元化、产权多元化"战略，对内优化资源配置，对外实施资本扩张，形成了以水电、铝业、电化、地产等 4 个板块为主的多元发展格局，逐步发展成跨地区、跨行业、跨所有制的大型企业集团。在此阶段，汉江集团于 2007 年实施了企业文化管理咨询项目，历时半年，提炼出汉江文化核心理念，推出新的企业标识，形成集团企业文化管理体系——"汉江之蕴"，再加上汉江集团企业精神的重要组成部分丹江口人精神——自力更生、艰苦创业、顾全大局、勇于开拓。经过近 8 年的深植推广实践，汉江集团已基本实现企业文化视觉层面的落地，特别是近年来，集团企业文化建设工作得到公司领导的高度重视，党务工作部和所属各单位相互配合，在学习借鉴其他大型企业文化建设成功经验的基础上，积极创新方式、方法，形成了企业文化建设良好的工作格局，企业文化在激发职工的积极性和责任感、增强企业凝聚力和感召力、塑造集团良好的社会形象上发挥了积极作用。

随着 2014 年南水北调中线工程正式通水，汉江集团总部搬迁，两公司（汉江集团公司与中线水源公司）融合等情况的变化，开启了新时代高质量发展的治水兴企新征程。站在 2014 年中线工程通水和 2015 年总部回迁武汉两个历史性交会点上，汉江集团董事会审时度势，提出了"做大水电、做精工业、做优服务业、做强汉江集团"的发展战略方针，这也标志着汉江集团正式迈入了第 4 次创业历程。这一阶段，水利国有企业属性更加凸显，保障工程防洪供水安全成为首要政治责任；战略重心和投资方向逐步向水利水电主业倾斜，工业发展方向由资本投资扩张逐步转向产业做精做细，致力于结构转型升级和内部挖潜增效；服务产业整合优化内部资源，地产、绿化、旅游业务逐步做优做大，成为了新的产业经济驱动和重要经济支撑。2016 年以来，在北调水量不断增长的前提下，汉江集团实现了资产总额连续增长，利润总额、净利润稳步提升，全员劳动生产率不断提高，特别是研发经费投入的年均增速 25% 以上，企业发展"量质"齐升，国有资产实现保值增值。

汉江集团武汉总部

企业精神的时代性和继承性是辩证统一的，没有继承，就没有发展；没有发展，企业精神就犹如一潭死水，没有生气，没有活力，不能成为企业发展的积极因素。自力更生、艰苦创业、顾全大局、勇于开拓等传统美德是企业精神的永恒主题和企业用之不尽的力量源泉。企业精神的表述中可以省略这些传统美德，但是它却无处不在，无时不发挥着举足轻重的作用。企业精神凝结着鲜活的时代特征，这是企业发展的客观要求，也是被事实所证明了的客观存在，要正视企业精神的时代性，同时也要正视企业精神的时代继承性。

立足新发展阶段，汉江集团内部开展摸底调查、分层级开展访谈，对原有"汉江之蕴"文化体系进行了一次迭代和升级，进一步丰富和升华了企业文化内涵，形成了更加清晰、更加完善、更具时代特征的汉江"行"文化体系，对于激励全体干部职工坚定信心、砥砺前行、推动汉江集团高质量发展具有重要意义，必将引领汉江集团在新征程中行稳致远。汉江"行"文化体系包括：企业使命、企业愿景、企业核心价值观、企业精神、经营理念5个部分。

新时代的丹江口人精神既包含了传统的丹江口人精神，又包含了新的汉江"行"文化体系中的企业精神，它们共同构成了新时代丹江口人精神。

企业精神是企业经营方针、经营思想、经营作风、精神风貌的概括反映，是企业在长期的生产经营实践中自觉形成的，对员工的思想和行动起到潜移默化的作用。汉江"行"文化体系对企业精神的最新表述，是对"自力更生、艰苦创业、顾全大局、勇于开拓"的丹江口人精神的传承和发展。

作为企业精神，新时代的丹江口人精神是汉江集团企业使命、企业愿景与企业核心价值观在群体意识上的概括反映。这个精神是汉江集团核心价值体系的精髓，解决的是精神动力和精神风貌的问题。企业精神是民族精神和时代精神在汉江集团实践中的生动体现，是对汉江集团先进典型精神内核的高度概括，是汉江集团广大员工共同创造的精神财富，是汉江集团履行自身使命、实现共同愿景的强大动力，代表了汉江集团广大员工的思想意志和精神风貌。

根据一般组织文化理论指导，水利企业文化的结构体系——可分为4个层面：精神层、制度层、行为层、物质层，4个层面紧密联系，相互作用。在构建汉江"行"文化体系时，首先建构起一套价值理念和行为规范体系，形成一个可供学习传播的、持续发挥影响的、多维度全方位的文化体系的文本。这是企业文化建设的一个基本规律和一项基础工作。制定企业核心价值体系是最重要的工作，主要包括制定企业使命、企业愿景、企业核心价值观、企业精神和经营理念。这5个方面的内容相互联系、相互贯通、相互促进，是一个有机统一的整体，应当是企业干部职工在长期实践中形成的丰富思想文化成果，是对企业核心价值体系深刻内涵的科学揭示，是单位事业发展的重要基础和精神家园。

其中，企业核心价值观是体系的核心，回答了"我们是谁"，解决的是企业的基本属性和根本宗旨问题，是企业及其每一名成员必须共同信奉、不懈追求的持久信仰和价值判断标准。企业使命是水利组织的存在理由，是单位一种根本的、最有价值的、崇高的责任和任务，它回答的是"我们要做什么"和"为什么这样做"这一根本动机。企业愿景回答了"单位是什么"，就是明确界定和告诉人们单位应成为什么样子；愿景是一种意愿的表达，概括了单位的未来目标。企业精神指单位职工所共同具有的内心态度、思想境界和精神追求，企业精神侧重解决的则是单位团队的精神状态和整体风貌。

汉江集团注重经营理念层。经营理念回答的是"如何做"，阐述的是企业在管理的各个系统必须遵循的行为原则。具体可细分为战略管理理念、决策理念、人力资源管理理念、财务管理理念、资本运作理念、技术管理理念、知识管理理念、质量管理理念、安全管理理念、行政管理理念、学习理念、创新理念、廉政理念和沟通理念等。

（二）构建新时代丹江口人精神的实践载体

丹江口人精神的实践载体是水利单位文明的具象表征形态，承载本单位组织文化最内在的价值观。文化载体使文化抽象的意识形态表征为能够为人所接触的实体，是认知组织文化的等同概念，亦是建设组织文化的切入点。一方面，它提供了一种认知单位文化的方式，使一种看不见、摸不着的"无形"的意识形态转变为可见闻、可触及的"实物"；另一方面，它提供了一种建设单位文化的途径。载体的塑造是使单位文化的核心价值观从深度和广度上更清晰地为人接触、被人认知的最直接途径，它使"虚无"的单位文化建设有了可以"落脚"的地方，将其转变为可以开展的实践，使相对无序的文化传播与传承过程能够通过规划合理的建设项目有序地实现，使单位文化成为共识，是单位文化建设的切入点。

这里将单位文化载体分为了5个部分：一是产品体系，二是感知体系，三是理念体系，四是活动体系，五是教育体系，从这5个部分着手构建出水利基层单位文化建设整体框架。其中，理念体系主要包括：水利组织使命、企业愿景、企业核心价值观、企业精神等，是水利基层单位文化建设的灵魂、核心，引导水利基层单位文化的建立，对于单位的行为能力进行规范和指导。理念体系的建立对水利基层单位文化发展方向起到决定性的作用。教育体系的建设包括了如何开展教育以及教育场地的建设。感知体系的建设是对其空间的建设。产品体系的建设就是指对水利产品的研发和销售。活动体系的建设就是指对其社会活动的安排和进行。立足此框架，五大体系作为结构元素，独立或相互组合，因地制宜地构成一个个具体的单位文化建设工程，为单位文化建设提供了可操作的实现途径。

（三）推动新时代丹江口人精神落地生根

1. 构建抓手牵引体系，重点实施六大抓手。

建设富含丹江口人精神内涵的教育基地。如展室、展馆、纪念室、丹江口水利展览馆等文化教育基地，丰富文化内涵，深化文化定位，突出精神塑造，使其成为员工成长成才的思想历练和精神塑造平台。

抓好《丹江口人故事集》的征集编撰工作。"讲故事是最简单的、最有凝聚力的工具。"丹江口水利故事是诠释和传播丹江口人精神的有效途径。

抓好单位网站水文化栏目建设。拟由水文化"工作动态、重要言论、文化视野、水利故事、水利文苑、图片集萃"构成。

抓好丹江口人精神展示工程建设。筹建丹江口水利改革发展成就陈列馆。

开展传递先进精神文化特色活动。把文化教育基地作为员工入厂教育的鲜活教材、党性党风教育的有效平台、传承优秀思想的良好媒介、助推中心工作的强劲驱动。开展弘扬"丹江口人精神"系列主题实践活动，进一步挖掘新品质，丰富丹江口人精神，使丹江口人精神内涵不断焕发时代气息和新的活力。

推出弘扬丹江口人精神文化产品。制作专题片和短视频故事，创作系列主题歌曲和文学作品，使精神成果转化成文化产品，并将其作为员工教育的必修材料。编印下发企业文化杂志、文化书籍等，使其成为丹江口人精神的"宣讲员"，为员工提供了丰厚的精神食粮。

2. 建立弘扬丹江口人精神长效机制

一是建立评先选优机制，基层单位季度设立先进榜，半年评选"优秀员工"。建立优秀员工档案，每3年评选"优秀员工勋章"获得者。二是建立激励机制，采取大会表彰、带薪休假、物质奖励、后备任用等方式，激励广大员工弘扬丹江口人精神，奋力争先创优。三是建立传帮带机制，积极开展"一对一"传帮带活动，发挥典型的示范带动作用。

3. 建立丹江口人精神传承必须通过项目工程来推进的认知

项目化管理能够很好地运用研究团队形式，有效地把汉江集团的企业文化及水文化研究和建设的一些烦琐的工作设想或战略思路，转化为实实在在的工作任务，把研究的软指标变成硬指标来落实，把汉江集团企业文化建设的整个过程量化为一个个阶段性项目，再动员各方力量参与，使企业文化建设大工程变成一个个小项目，逐项落实，逐项推进。

图书在版编目（CIP）数据

丹江口治水精神 / 汉江水利水电（集团）有限责任公司编 .
-- 武汉 : 长江出版社，2023.12
ISBN 978-7-5492-9286-8

Ⅰ . ①丹… Ⅱ . ①汉… Ⅲ . ①水利史 – 丹江口 Ⅳ .
① TV-092

中国国家版本馆 CIP 数据核字 (2024) 第 021226 号

丹江口治水精神
DANJIANGKOUZHISHUIJINGSHEN
汉江水利水电（集团）有限责任公司　编

责任编辑：　郭利娜　张晓璐
装帧设计：　汪雪
出版发行：　长江出版社
地　　址：　武汉市江岸区解放大道 1863 号
邮　　编：　430010
网　　址：　https://www.cjpress.cn
电　　话：　027-82926557（总编室）
　　　　　　027-82926806（市场营销部）
经　　销：　各地新华书店
印　　刷：　湖北金港彩印有限公司
规　　格：　787mm×1092mm
开　　本：　16
印　　张：　16
字　　数：　220 千字
版　　次：　2023 年 12 月第 1 版
印　　次：　2024 年 3 月第 1 次
书　　号：　ISBN 978-7-5492-9286-8
定　　价：　98.00 元